개정판

반려동물
행동학

저자 강성호 · 최경선

Companion animal behavior

박영
story

　강아지를 처음 만났을 때 꼬리를 흔들며 다가왔던 너무나 사랑스러운 모습을 기억한다. 아무말도 하지 않았지만 느껴지는 사랑에 가슴이 설레고 따뜻한 마음을 느낄 수가 있었다. 강아지에 대한 알레르기가 있었지만 그 모습이 너무나 사랑스러워 오랜 시간 동안 단 한순간도 강아지와 떨어져 살아온 적이 없다. 어릴 적부터 수많은 강아지들을 키우며 너무나 많은 펫로스를 경험했다. 반려동물 행동학이라는 지식을 모르기 전에는 경험을 통한 교감과 느낌이 전부였던 시절이 있었다. 하지만, 그때의 경험과 후회들이 모여 지식으로 결합되는 순간에는 그동안 무엇을 잘못하며 살아왔는지를 돌아볼 수가 있었다. 반려동물 행동학이라는 것은 정답이 없다. 우리가 접하는 반려동물 행동학이 정답일 것처럼 보이지만 사실 이 세상에 반려동물에 대한 정답을 말할 수 있는 사람은 없다. 세상의 모든 생명체에게는 저마다 주어진 개성과 삶이 있다. 또한, 환경과 여건은 너무나 다르다. 우리가 서로 다르다는 것을 인정할 때 비로소 삶이라는 것을 볼 수가 있다. 이 책을 누군가 본다면 이 책이 말하는 대로 기억하기보다는 이해를 통해 우리의 삶을 돌아봤으면 한다. 나는 참 많은 시간을 강아지와 보내면서 너무 행복했고 슬펐다. 함께 했던 평균 10년에서 13년이라는 시간은 나에게 짧다면 너무나 짧았던 순간이었다. 사람은 누구나 죽음을 맞이한다. 살아있는 생명은 모두 다 죽는다. 그러나, 함께 있던 반려동물의 죽음 앞에 왜 이렇게 많은 후회가 나는지 모르겠다. 사랑하는 반려동물이 죽는 순간까지 하염없이 눈물만 흘렸다. 더 잘해주지 못함과 나의 무지함으로 인해 힘들어했을 반려동물을 생각하며 너무나 괴로웠다.

　요즘은 디지털 세상이라는 타이틀로 빠르게 세상이 변해 간다. 세상 사람들은 반려동물에 대한 정보와 지식을 너무나 쉽게 접한다. 반려동물에 대한 글을 쉽게 쓰고 쉽게 말한다. 나는 반려동물에 대한 글을 쓰는 것이 너무나 힘들다. 한 줄의 글을 쓰기 위해 수십 번을 고뇌하고 또 고민한다. 생명에 대한 글을 쓴다는 것이 세상에 어떤 영향을 줄지를 고민하게 된다.

우리가 반려동물에 대한 글을 쓴다는 것은 그 글을 통해 세상 누군가에게 우리 반려동물을 소개한다는 것이다. 그 글로 인해 한 마리의 생명이 평생 행복할 수도 있고 거리로 버려질 수도 있는 것이다. 이 책에서 우리는 반려동물에 대한 행동학적 사고와 지식을 연구하여 새로운 생각과 실천을 했으면 한다. 생각하지 않고 교감을 통한 실천을 하지 않는 사람은 결코 반려동물의 사랑을 말할 수가 없다. 세상이 점점 매스컴을 통해 흥미 위주와 재미 위주의 콘텐츠를 쏟아내고 있지만 우리가 기억해야 하는 것은 생명을 다룬다는 것은 절대 흥미롭거나 재밌지 않다는 사실이다. 우리가 준비되지 않으면 한 마리의 소중한 생명이 불행해질 수 있다. 공부도 시기가 있듯이 반려동물에게도 시기가 있다. 그 시기에서 우리는 소중한 생명의 아름다운 삶을 만들어주기 위한 기본소양을 갖추어야 할 것이다. 반려동물 행동학은 반려동물에 대하여 사람들이 기본적으로 알아야 할 소양을 의미한다.

지금 이 순간에 책을 읽으며 당신의 반려동물의 현재와 미래를 상상해 보라. 당신의 수많은 고민과 번뇌는 소중한 생명에게 행복을 가져다줄 것이다. 세상 무엇보다 중요한 사람의 실천은 관심과 관찰에 있다. 하나의 생명이 행복하게 살아갈 수 있도록 항상 따뜻한 관심을 가지고 사랑을 전해주는 사람이 되었으면 한다.

누군가에게 반려동물 행동학 책이 어떤 영향을 줄지는 모르겠지만 오늘도 묵묵히 주어진 자리에서 작은 도움이라도 되고자 이렇게 글을 쓴다. 나는 이 책을 개정하며 참 많은 생각을 했다. 여러분! 이 책을 읽는다면 반려동물을 더 사랑하는 사람이 되셨으면 한다.

마지막으로 항상 나의 곁에서 용기를 주고 힘을 주는 아내와 사랑하는 아들 하준이를 보며 좋은 아빠가 되겠다는 다짐을 해 본다. 또한, 오랜 시간을 함께 해 준 강성호 교수님과 전국의 강사모 회원들에게 정말 진심으로 고맙다는 말을 전해 본다. 세상이 알아주지 않더라도 마지막 죽는 순간까지 늘 같은 자리에서 반려동물에 대한 생명을 살리는 글을 쓰고자 한다. 세상 모든 문제의 시작은 사람이었다. 그 무지함이 세상에 어두움을 만들었지만 무지함이 깨어지고 달라지는 순간에 세상은 찬란히 빛날 것이다.

2021. 3.

네이버인플루언서 @강사모 최경선 박사

이 책은 반려동물 행동학의 다양한 패턴과 정보 전달로 반려동물에게 가장 최적화된 이론을 전체적인 관점에서 기술하고자 노력했다. 반려동물 행동학 이론의 적용과 실전사례를 기반으로 하여 부분적인 관점보다는 반려동물 행동학의 일관성과 체계적인 지식전달에 목적을 두고 있다. 반려동물에 대한 학습방법과 패턴으로 우리는 반려동물을 훈련시킬 수 있다.

이론과 실전의 경험은 항상 다르다. 하지만 단계적인 이론적 지식습득이 기반이 되어야만 실전 훈련에서 왜 반려동물이 이렇게 반응하는지, 왜 반려동물이 이렇게 표현하는지의 정확한 원리와 표현을 알 수가 있는 것이다. 필자는 다양한 반려동물 행동학적 사고를 통해 필요한 원리를 적용하여 반려동물의 가치를 높이는 일을 하고 있다. 반려동물 행동학이라는 것은 나침판과 같은 것이다. 나침판을 정확히 보고 제대로 분석할 수 있으면 언제나 우리는 우리가 원하는 목표에 정확히 도달할 수 있다.

하지만 나침판을 볼 수 없거나 이론적 배경이 없으면 아무리 좋은 나침판이 있어도 우리는 원하는 목표를 향해 갈 수도 없고 중간에 낙오될 것이다. 모든 것은 선택이다. 반려동물 행동학의 기초부터 체계적으로 습득하고 실현해야 하는 이유는 반려동물의 행동 패턴이 Case By Case로, 각 경우마다 너무나 다르기 때문이다. 즉각적인 대응을 하기 위해서는 수많은 시간을 반려동물과 함께 훈련하면서 느끼고 고민해야 하는 부분이 분명히 존재하는 것이다.

그러나, 이론적인 지식에 대해서 체계적으로 습득한 사람과 이론적 지식의 배경이 없는 사람의 차이는 왜라는 질문에 답을 할 수 있느냐 없느냐의 차이이다. 또한, 실전 훈련에서 이론적 배경이 없는 사람은 결코 다음 단계로 진행하여 훈련할 수 없고 반려동물과 교감하며 커뮤니케이션할 수 없다. 이 책은 올바른 나침판의 선택과 올바른 방향을 제시하는 가이드북이 되기 위해 쓰였다. 오랜 실전의 경험을 통해 이루어진 실효성 있는 이론을 체계적으로 정리하여 일관성, 계획성, 경제성을 가질 수 있도록 기술하였다.

"A dog is the only thing on earth that loves you more than he loves himself."

(개는 자기 자신보다 더 당신을 사랑하는 지구상의 유일한 동물입니다.)

－Josh Billings

반려동물 행동학 책을 기술하면서 반려동물에 대한 사랑의 감정을 다시 한번 되새겨 보았다. 사람과 반려동물은 다르다. 다르다는 언어의 차이가 아니라 느끼는 감정과 표현의 차이는 언어적, 비언어적 표현으로 이루어지고 있다. 그 이유로 체계적인 패턴에 대해서 알기 위해서는 전체적인 관점으로 행동주의와 조작학습 이론에 대해 보다 많은 관심을 가질 필요가 있다.

이번 교재를 제작하며 많은 도움을 아끼지 않은 사랑하는 아내에게 감사의 마음을 전한다. 또한 본 교재의 완성을 위하여 많은 도움을 주신 분들께 진심으로 감사의 마음을 전한다. 본 교재가 반려동물 전공 학생들에게 반려동물 행동학의 새로운 방향성을 제시하여 주기를 진심으로 소망해 본다. 반려동물 행동학을 통해 공부하여 반려동물의 마음의 소리를 들을 수 있을 때 우리는 우리 삶에서 소중하게 생각하는 반려동물의 마음의 소리를 듣게 될 것이다.

반려동물 행동학은 오랜 경험과 노력으로 알 수 있는 것이다. 열심히 학습하여 아름다운 미래를 준비해 보자! 이 교재는 가급적 기초 이론적 배경에 충실하고자 노력하였다. 필자는 실전 경험을 토대로 이론적인 측면에서 기술하려고 노력했다. 모든 상황은 다르다. 각자의 삶에 환경에서 반려동물 행동학 관점에 적합한 행동학을 연구하여 적합하게 응용해 보기를 바란다.

2018. 3.
강성호 교수

차례

CHAPTER

01

반려동물 행동학의 정의와 분류

CHAPTER
01

반려동물 행동학의 정의와 분류

학습목표

- 반려동물 행동학의 정의와 분류에 대해 학습한다.
- 반려동물 행동학 사례연구에 대해 학습한다.

section 1.1　서론

동물행동학의 정의와 과적인 연구에 대한 내용을 이 장에서 살펴본다. 동물행동학에 대해서 가장 중요한 관찰에 대한 정의와 행동학이 어떻게 분류되는지를 정의해 본다. 특히 행동학의 관점에 따른 분류와 주요인물의 특징을 살피고 반려동물에게 필요한 행동학의 관점을 함께 고민해 보고자 한다. 반려동물 행동학을 위한 실제 사진을 통해 반려동물의 감정과 표현에 대해서 보다 체계적으로 학습하고자 한다.

section 1.2　반려동물 행동학의 정의

동물행동학(動物行動學, ethology)은 20세기 초엽에 동물학의 한 연구 분야로 시작됐다. 동물의 행동, 행태, 습성 등의 관찰을 통하여 동물에 관한 일반적 지식을 넓히고자 했다. 일반 대중 및 학계에 동물행동학에 대한 관심과 이해를 높이는 데 기여한 대표적 학자로는 1973년 동물 행동 연구로 노벨 생리학·의학상을 공동 수상한 네덜란드 생물학자 니콜라스 틴버겐(Nikolaas Tinbergen)과 오스트리아 생물학자들인 카를 폰 프리슈(Karl von Frisch), 콘라트 로렌츠(Konrad Lorenz)를 들 수 있다.

동물행동학(Animal ethology)은 자연환경에서 볼 수 있는 동물 행동에 대한 과학적인 연구이다. 우리가 흔히 연구를 하기 위해 실험실 환경에서 접하는 것과 다르게 동물행동학 연구는 실전에서 동물을 관찰하고 행동에 대한 영향이 어떻게 미치는지를 직접 관찰하고 연구하는 것이다. 예를 들어 자연 서식지에서 유인원의 사회구조화를 연구하는 것 또한 동물행동학의 한 사례로 볼 수가 있다. 이는 유인원 사회구조화가 왜 그렇게 구성되고 어떤 영향을 미치는지에 대해 알 수 있는 하나의 사례이다. 동물행동학 학문은 범위와 기준을 어떻게 설정하느냐에 따라 관찰하고 연구하는 방향성이 달라질 수 있다. 체계적인 동물행동학 진행을 위해서는 범위 설정과 관찰 영역의 정의(Definition)가 가장 중요하다.

section 1.3 반려동물 행동학의 분류

동물 행동학 연구에는 4개의 분야가 있다. 행동학 연구를 이해하기 위해서는 각 과정에서 바라보는 시각이 필요하다. 동물행동학의 창설자들은 동물들이 표현하는 관점에서 동물들을 바라보고 이해하고 있다.

반려동물 행동학	연구분야	행동학 이해 관점	사례
지근요인(Proximate factor)	행동학의 메커니즘 연구	행동의 차이	반려견에 대한 배뇨 행동 사례(4가지 관점을 통한 사례에 대한 이해)
궁극요인(Ultimate factor)	생물학적 의미를 연구	행동의 의미	
발달(Development or Ontogeny)	개체발생(발달)을 연구	행동의 성장	
진화(Evolution or Phylogeny)	계통발생을 연구	행동의 진화	

반려동물 행동학

지근요인 (Proximate factor)
궁극요인 (Ultimate factor)
발달 (Development or Ontogeny)
진화 (Evolution or Phylogeny)

반려동물 행동학의 주요 인물

찰스 로버트 다윈

카를 폰 프리슈

콘라트 로렌츠

이반 파블로프

버러스 프레더릭 스키너

니콜라스 틴베르헌

주요인물	동물학자	출생	사망	학력	수상
찰스 로버트 다윈	영국의 생물학자 · 지질학자	1809년 2월 12일, 잉글랜드 슈루즈버리	1882년 4월 19일, 잉글랜드 런던	케임브리지 대학교 신학과 에든버러 대학교 의과대학	로열 메달 월스턴 메달 코플리 메달
카를 폰 프리슈	오스트리아의 동물학자	1886년 11월 20일, 오스트리아 빈	1982년 6월 12일, 독일 뮌헨	뮌헨 대학교, 빈 대학교	노벨 생리학 · 의학상
콘라트 로렌츠	오스트리아의 자연학자	1903년 11월 7일, 오스트리아 빈	1989년 2월 27일, 오스트리아 빈	컬럼비아 대학교, 빈 대학교	노벨 생리학 · 의학상
이반 파블로프	러시아의 생리학자	1849년 9월 26일, 러시아 랴잔	1936년 2월 27일, 러시아 상트페테르부르크	상트페테르부르크 대학교	
버러스 프레더릭 스키너	미국 심리학자	1904년 3월 20일, 미국 펜실베이니아 주 수스케한나	1990년 8월 18일, 미국 매사추세츠 주 케임브리지	하버드 대학교, 해밀턴 컬리지	
니콜라스 틴베르헌	네덜란드의 생물학자	1907년 4월 15일, 네덜란드 헤이그	1988년 12월 21일, 영국 옥스퍼드	머튼 대학, 레이던 대학교	노벨 생리학 · 의학상

A. 찰스 로버트 다윈(Charles R. Darwin)은 영국의 생물학자이자 지질학자이다. 그는 1809년 2월 12일, 잉글랜드 슈루즈버리에 태어났으며 1882년 4월 19일(73세), 잉글랜드 런던에서 사망했다. 학력으로는 케임브리지 대학교 신학과, 에든버러 대학교 의과대학을 마쳤다. 그의 수상 내역은 로열 메달, 월스턴 메달, 코플리 메달로 알려져 있다.

찰스 로버트 다윈은 동물행동학 분야에 혁명을 가져왔다. 찰스 로버트 다윈 이전의 연구들은 동물을 지성을 가진 인간과는 다른, 오로지 본능에 의해서만 움직이는 생물이라고 보았다. 주로 비이글호에 의한 세계일주 항해에서 얻은 광범위한 관찰에서 발전시킨 다윈의 진화론은, 동물이 어떻게 하여 환경에 잘 적응해 가는가에 대한 설명과, 인간을 자연의 일부로 간주해야 할 확실한 이유를 제공했다.

주요 저서인 《종의 기원》에서도 그는 행동에 대해서 일부 설명하고 있지만, 인간과 동물의 대비에 중점을 둔 주요한 저작은 《인간과 동물의 표정》(1872)이었다. 그렇지만 행동 연구에 대한 그 자신의 공헌은 후세의 행동학자들의 연구에 있어서 그의 이론의 영향에 비하면 대단히 미흡한 것이었다.

B. 칼 폰 프리쉬(Karl R. von Frisch)는 비엔나에서 태어났지만, 생애의 많은 시기를 독일에서 보냈다. 그는 일벌이 꿀이 풍부한 밭의 위치를 동료 벌에게 전하는 행동을 발견한

것으로 대단히 잘 알려져 있으며, 또한 물고기의 청각이나 색각에 관해서도 중요한 연구를 내놓았다. 먹이의 방향과 거리의 정보를 꿀벌이 전하고 있다는 그의 주장을 대부분의 사람이 의심했고, 최근의 몇몇 실험도 이에 의문을 던졌다. 그러나 가장 최근 고울드(J. L. Gould)의 뛰어난 연구는 꿀벌이 교묘한 연락체계를 가지고 있는 것을 명확하게 증명했다.

C. 로렌츠(Konrad Z. Lorenz)는 자주 행동학의 창시자라고 불린다. 다윈과 그의 시대 사이에서 몇몇 사람들이 동물행동의 연구를 했지만 로렌츠의 공헌은 훨씬 폭넓은 것이었다. 로렌츠는 1930년에 주로 조류의 행동에 대해서 자신 스스로가 한 다양한 연구에 기초를 두고 동물행동의 유전을 강조하는 이론을 발전시켜 이 분야의 연구에 지대한 영향을 주었다. 일반인을 위한 그의 저서 《솔로몬의 반지》(1952)와 《사람과 개의 만남》(1954)은, 동물에 대한 그의 깊은 이해를 나타냄과 동시에, 많은 사람들을 행동 연구에 끌어들였다. 이보다 훨씬 많은 논의를 불러일으킨 《공격에 관하여》(1966)는, 공격성은 스포츠와 같은 무해한 활동으로 전환시킬 때에만 해소할 수 있는, 일종의 내적인 충동이라고 주장하여 널리 주목을 받았다.

D. 파블로프(I. P. Pavlov)는 러시아 랴잔(Ryazan) 태생의 심리학자로서, 그의 연구는 세계적으로 인정되어 심리학자, 특히 러시아의 심리학자에게 지대한 영향을 주었다. 조건반사의 연구는 가장 잘 알려졌고 그 후 학습에 관한 수많은 연구의 기초가 되었다. 그의 가장 유명한 실험은 개에게 먹이를 제공했을 때의 타액분비를 연구한 것으로 먹이를 먹일 때마다 종을 울리면, 결국에는 종소리만으로도 개가 타액을 분비하게 된다는 것을 증명하였다. 음식물에 대한 이 반응은 일종의 반사이다. 종에 대한 반응도 반사이긴 하지만, 먹이와 종을 결부시키는 개의 학습능력에 기인한 조건적인 것이라 간주했다. 그는 이러한 관념연합의 구성을 학습의 주요한 부분이라고 보았으면서도 자기 이론에 대해서 신중을 기하며 후에 일부 심리학자들이 한 것처럼 적극적인 주장은 하지 않았다.

E. 스키너(B. f. Skinner)는 영향력 있는 현대 행동주의자 중의 한 사람이다. 행동주의는 금세기 초에 아메리카에서 일어난 심리학의 일파로 학습의 중요성을 강조한다. 그는 특별히 보수에 의한 학습(때때로 '강화'라 불린다)을 탄생시켰다. 이 학파(學派)는 주로 쥐들을 사용하여 지렛대를 누르게 하여 음식물을 꺼내는 훈련을 시킨 동물 연구 등을 통해서 학습의 일반법칙을 탐구하여 왔다. 이러한 '자발적 조건부'에 있어서는 자발적 즉, 지렛대 누르기와 같은 특정의 행동방식의 빈도는 보수나 벌과 결부시키면 증감한다. 스키너는 이러한 연구에서 생기는 원리는 일반적으로 응용할 수가 있어 인간의 행동마저도 이

원리로 이해된다고 믿었다.

F. 틴버겐(Niko Timbergen)은 네덜란드 태생이지만 제2차 세계대전 후 영국으로 이주했다. 그의 행동에 대한 연구는 주로 야외에서 이루어진 것으로 나비나 나나니벌에서 큰 가시고기나 갈매기에 이르기까지 동물의 대상이 다양하다. 그는 단순한 실험을 행동 연구에 적용하고 그것을 통해서 동물행동의 기초가 되는 심리과정에 대해 중요한 발견을 얻었다. 그의 저서 《본능의 연구》(1951)는 틴버겐과 로렌츠에 의해 발전된 이론을 종합한 것으로 이 분야의 이정표가 된다. 틴버겐은 1972년에 로렌츠와 프리쉬와 더불어 행동의 이해에 대한 공헌이 인정되어 노벨상을 수상했다.

<h2>section 1.5 반려동물 감정에 대한 사례연구</h2>

반려견들은 다양한 표현들을 하고 있다. 조금만 눈높이를 맞추어 반려견을 바라보게 되면 그들의 감정을 이해할 수 있다. 모든 반려견과 교감할 때에는 사람처럼 말을 사용할 수 없기 때문에 반려견의 움직임과 입모양을 통해 의사소통함으로써 반려견들의 광범위한 감정과 행동의 표현을 알 수 있다. 우리는 반려견과 사람처럼 이야기를 나눌 수는 없지만 반려견이 우리에게 무엇을 이야기하는지를 인식하고 해석하는 방법을 알아야 한다. 반려견과 교감하고 행동하는 패턴을 통해 신체가 말하는 언어를 습득하기 위해서는 항상 반려견들의 언어를 생각하여 친밀한 교감을 해 보도록 해야 한다.

귀 : 반려견의 귀는 모든 모양과 크기가 상태에 따라 변한다. 기분이 평온하고 만족스러울 때 자연스러운 자세로 귀를 편하게 하는 경향이 있다. 경고할 때와 공격할 때에는 귀를 꼿꼿이 세우거나 긴장된 귀를 머리 위로 향해 관심이 가는 방향을 향해 바라본다.

눈 : 반려견도 사람과 마찬가지로 눈을 통해 느끼는 감정을 표현한다. 만족스러울 때에는 편안하고 부드러운 눈으로 당신을 바라본다. 직접적으로 응시할 때는 반려견이 위협을 느끼거나 두려움을 느낄 경우에 해당한다. 반려견의 시선은 항상 상호작용의 관점으로 바라볼 필요가 있다. 우리가 반려견을 바라볼 때 천천히 다가가야 하는 이유도 서로의 감정의 단계를 교감하기 위한 과정이다.

입 : 반려견은 사람의 입이 보여주는 감정을 모방하는 경우가 많다. 평온하고 만족스러울 때는 부드럽고 편안한 입형태를 띠게 된다. 하지만 긴장되거나 경계를 해야 하는

상황에서는 반려견의 입에 힘이 들어가는 형태로 나타나는 경우를 볼 수 있다. 일부 반려견의 구부러진 입술과 노출된 치아를 보고 경계를 나타나는 경우로 착각할 수 있지만 사람의 감정을 따라 미소짓는 형태를 보이는 경우도 있다. 반려견이 혀를 가볍게 치거나 핥는 것은 불안감을 나타내는 현상이며, 하품하는 것은 혈압을 낮추고 진정시키려는 행동이다.

신체 : 반려견의 근육은 전체적인 감정의 표현을 나타낸다. 특히, 머리와 어깨의 긴장된 근육은 무섭거나 경계를 해야 하는 상황을 나타낸다. 두려운 상황이나 경계를 해야 하는 상황에서 반려견의 털이 서 있는 경우도 볼 수 있다. 평온하고 만족스러울 때는 부드러운 모질을 보여 주며 무섭거나 경계를 해야 하는 경우는 자신의 자세를 최대한 크게 보이기 위해 목과 등을 올리는 과정을 볼 수 있다.

꼬리 : 꼬리 위치와 움직임은 반려견의 감정을 나타나는 큰 지표이다. 사람을 좋아해서 친근함의 표시를 나타낼 때는 꼬리를 높게 들고 좌우로 빠르게 움직인다. 신경이 쓰이거나 두려운 상황에서는 꼬리를 내리고 천천히 움직인다. 또한, 두렵거나 위험한 상황에서는 꼬리를 감추는 경우도 있다. 평온하고 만족스러울 때는 사람들에게 친근함을 표시하기 위한 꼬리의 움직임을 보인다.

본 장에서 나오는 반려견 교감에 대한 감정의 표현은 일반적인 개요이며 신호와 의미는 반려견 품종에 따라 달라질 수 있다. 반려견의 행동과 패턴은 Case By Case로 각각 상황이 다르다. 우리는 반려견과 교감하기 위해 각각의 상황과 그들이 말하고자 하는 것을 정확하게 인지하기 위한 노력을 해야 한다. 시간과 교육을 통한 경험이 결국 반려견의 언어를 이해하는 기본이 된다.

▌감정으로 보는 반려동물 표정 ▌

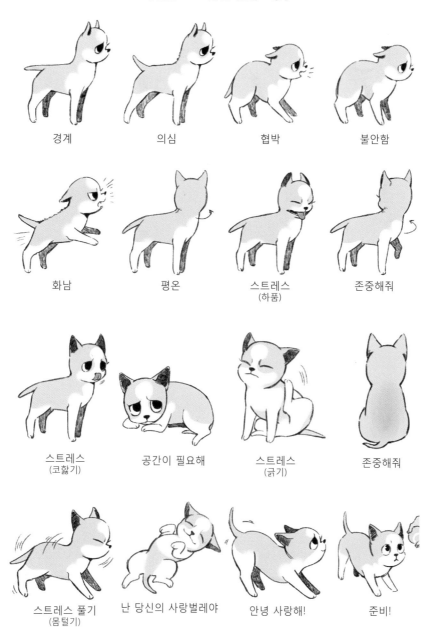

경계

의심

협박

불안함

화남

평온

스트레스
(하품)

존중해줘

스트레스
(코핥기)

공간이 필요해

스트레스
(긁기)

존중해줘

스트레스 풀기
(몸털기)

난 당신의 사랑벌레야

안녕 사랑해!

준비!

친하게 지내!

행복함, 흥분

호기심

좋아요, 계속 긁어주세요

너무 기뻐
꼬리를 흔든다

CHAPTER

02

반려동물 문제행동의 정의와 분류

CHAPTER
02

반려동물 문제행동의 정의와 분류

학습목표

• 반려동물 문제행동의 정의와 분류에 대해 학습한다.
• 반려동물 문제행동 사례연구에 대해 학습한다.

section 2.1   **서론**

반려동물 문제행동의 정의와 사례연구에 대한 내용을 이 장에서 살펴본다. 반려동물 문제행동에 대해서 가장 기본이 되는 정의와 사례가 어떻게 분류되는지를 살펴보고 문제행동에 대한 정확한 관점에서 반려동물의 문제행동을 해결할 수 있는 중요한 내용을 보다 체계적으로 학습하고자 한다.

section 2.2   **반려동물 문제행동의 정의**

현대 사회에서 반려견의 행동에 대해 문제행동으로 정의하는 데에는 보호자가 생활 속에서 반려견으로 인하여 문제되는 범위의 행동을 문제행동으로 삼고 있다. 즉, 반려견의 본능적인 행동과 삶 속의 이상 행동, 타인에게 불편을 주는 행동으로 반려견과 함께 행복한 삶을 유지할 수 없는 경우에 이를 반려견 문제행동으로 정의한다고 볼 수 있다. 우리는 반려견을 가족으로 입양하여 함께 생활한다. 각각의 상황은 경우마다 너무나 다르다. 이에 대한 정확한 이해와 판단을 하지 못하는 상황에서는 반려견에 대한 안락사와 파양을 고민하거나 다른 사람에게 입양을 보내는 문제를 심각하게 고민하게 된다. 저마다 주어진 환경과 여건은 모두 다르다. 반려견의 문제행동을 정확하게 정의하기 위해서는 보호자와 반려견이 지내는 삶의 환경에 대한 정확한 내용을 숙지하고 상세하게 커뮤니케이션해야 한다. 그것이 선행되고 나서 반려견 문제행동에 대한 보다 정확한 해결책을 찾을 수 있는 것이다.

Dog problem behavior
현대 사회에서 반려견의 행동에 대해 문제행동으로 정의하는
데에는 보호자가 생활 속에서 반려견으로 인하여 문제되는
범위의 행동을 문제행동으로 삼고 있다.

반려동물 문제행동의 분류

구분	사례	전문가 판단
반려견 건강상의 문제로 행동의 범위가 벗어난 경우	발을 핥거나 몸이 아파하는 이상 행동을 보이는 경우	수의사의 진료 선행 필요
반려견 본능적인 행동의 범위가 벗어난 경우	성행동이나 섭식행동이 정상활동의 범위를 벗어난 경우	수의사 및 문제행동 교정사의 전문가 판단 필요
보호자와 함께 생활하는 것이 힘든 경우	주택 밀집 지역에서 하울링 등으로 함께 생활하기 힘들 경우	보호자 환경(Case by Case)에 대한 전문가 판단이 필요(문제행동 교정사)

필자가 생각하는 문제행동은 3가지로 분류할 수 있다. 첫 번째로, 반려견 건강상의 문제로 행동의 범위가 벗어난 경우에는 발을 핥거나 어딘가 아픈 듯한 이상 행동을 보이는 경우가 매우 많다. 즉, 문제행동의 원인이 질병인 경우가 많으므로 이는 수의사의 진료를 선행함으로써 반려견에 대한 문제행동의 원인을 명확히 확인할 수 있다. 반려견이 정상적인 삶이 어려울 정도로 이상행동을 많이 보일 경우 반드시 통제하거나 문제행동을 교정하기 이전에 수의사를 통한 건강상태 점검을 반드시 선행해야 하는 이유가 그것이다. 이 경우는 수의사의 진료가 선행되어야 한다. 항상 건강문제가 없는지, 반려인의 꼼꼼한 체크와 반려견에 대한 이해가 선행되어야 할 필요가 있다.

두 번째로, 반려견 본능적인 행동의 범위가 벗어난 경우는 성행동이나 섭식행동이 정상활동의 범위를 벗어난 경우를 의미한다. 반려견은 본능적으로 성행동이나 섭식행동에 있어 보통의 규칙이 될 만큼 일정한 패턴을 가지고 있다. 반려견에 대한 패턴은 견주가 함께 생활하면서 면밀히 체크해 보면 키우는 반려견에 대한 패턴을 이해할 수 있다. 저마다 주어진 상황이 매우 다르다. 문제 해결을 위해서는 환경과 여건에 위치한 저마다 다른 패턴을 이해하는 것이 중요한 이유다. 이 경우는 수의사 및 문제행동 교정사의 전문가 판단이 필요하다. 성행동이나 섭식 행동의 많고 적음의 패턴 또한 질병적인 측면과 문제행동에 대한 두 가지 측면을 모두 포함하기에 반드시 전문가의 판단에 맡길 필요가 있다.

세 번째로, 보호자와 함께 생활이 힘든 경우는 주택 밀집 지역에서 하울링 등으로 함께 생활하기 힘든 경우를 들 수 있다. 즉, 문제행동에서 가장 이슈가 되는 경우는 현재 반려인의 환경에서 함께하기 힘들 정도로 문제를 일으키는 행동이 발생한 경우다. 이는 기본적인 정상활동이나 사회적인 환경의 구조 속에서 인간과 함께 영위하기 위해 반려견이 통제되어야 하는 상황을 의미한다. 반려견을 버릴 수 없고 함께 가족으로서 잘 키울 수 있도록 반려인과 반려견이 함께 노력해서 문제행동으로 분류되는 상황에 대한 교정을 찾아야 하는 것이다. 이 경우는 보호자 환경(Case by Case)에 대한 전문가 판단(문제행동 교정사 등)이 필요하다. 가장 많은 이슈와 문제해결의 목적은 평생을 함께할 반려견을 버리지 않고 행복한 삶을 영위하는 것에 목적이 있다. 그렇게 하기 위해서 인위적인 판단이 아닌 객관적이고 논리적인 올바른 판단을 할 수 있어야 한다.

저마다 많은 문제행동에 대한 교정 방법론을 제시하고 있다. 하지만, 상황은 Case by Case로 모두 다르다. 정확한 상황 판단을 위해서는 반려인의 주어진 삶의 환경과 여건에 대한 커뮤니케이션, 반려견에 대한 행동과 표정에 대한 정확한 체크와 판단, 패턴에 대한 체계적인 정리가 필요하다.

우리는 항상 문제행동 교정 이전에 How(어떻게)를 먼저 찾는 것이 아니라, Why(왜)를 먼저 찾을 필요가 있다. 또한, 반려견을 먼저 교육시키기 이전에 반려인이 정확한 이해와 판단을 할 수 있는지도 체크해 봐야 한다. 아무리 뛰어난 전문가들이 교정과 문제를 해결하기 위해서 노력하여도 보호자가 함께하기 위한 최소한의 기본적 소양을 준비하지 않으면 문제에 대한 답을 찾을 수 없다. 문제행동 교정을 위해 보호자와의 커뮤니케이션이 정말 많이 필요한 이유다. 반려견 보호자에 대한 이야기, 반려견에 대한 이야기를 통해 그들이 원하는 소리를 경청하다 보면 반려견 문제행동 교정에 대한 정확한 정의를 내릴 수 있다. 그것이 반려견 문제행동 교정의 시작이다.

section 2.4 반려동물 문제행동 사례연구

불리불안은 견주가 집 또는 다른 장소로 이동하게 되면서 견주와의 분리가 예상될 때 반려견이 반복적으로 심하게 불안 증상을 보이는 것을 의미한다. 함께 살아가는 애착 대상인 견주가 보이지 않거나 분리된 상황에서 극도로 불안해 하거나 이상한 행동을 보이게 된다.

불리불안의 증상으로는 식분증, 땅파기, 물어뜯기, 하울링, 배변, 탈출하기 등을 들 수 있다. 우리는 왜 이런 문제들이 반복되고 있으며 반려견들의 심리 상태에서 불리불안 증세가 계속될까에 대해 고민해 보아야 한다. 대체적으로 반려동물을 키우는 사람들은 불리불안이 발생하는 원인을 정확히 인지하지 못하고 있다. 즉, 분리불안에 대해 정확한 이해를 하지 못하고 대응하려고 한다. 기본적인 소양과 지식이 반영이 되어 있어야 분리불안 문제에 직접 대응할 수 있는 것이다.

우리는 다양한 패턴의 분리불안 사례를 들 수 있다. 예를 들어, 견주가 바뀌거나 타인에게 입양된 경우, 일정한 패턴으로 함께하던 보호자의 시간 패턴이 바뀐 경우, 기존에 살고 있는 환경(집)이 바뀐 경우, 견주의 사망이나 이사 등으로 보호자의 신변에 이상이 생긴 경우이다.

반려동물행동학의 가장 기본이 되는 분리불안을 말하기 이전에 반려동물이 보이는 행동이 이상행동인지를 컨디션 체크를 통해 확인해야 한다. 많은 사람들이 실수하는 것 중의 하나가 바로 반려동물의 질병적 문제를 이상행동으로 분리하여 행동교정을 진행하려고 한다는 것이다. 항상 기본이 되는 베이스라인에는 건강관리가 있음을 숙지해야 하는 이유도 이것 때문이다.

CHAPTER

03

반려동물 행동발달

CHAPTER 03

반려동물 행동발달

학습목표

- 반려동물 행동발달의 개념과 분류에 대하여 학습한다.
- 반려동물 행동발달 개체차와 문제행동에 대해 학습한다.

section 3.1 서론

반려동물 행동발달의 개념과 개체차와 문제행동에 대한 내용을 이 장에서 살펴본다. 반려동물 문제행동에 대해 살펴보고 문제행동에 대한 관점의 차이와 좀 더 문제행동에 대한 사례 구분을 통해 전문가 관점으로 내용을 살펴본다. 이 과정에서 우리는 반려동물에 대한 주기와 패턴에 대한 보다 상세한 내용을 이해할 수 있다.

section 3.2 반려동물 행동발달의 개념

반려동물의 행동 범주나 패턴은 주기적으로 날씨의 변화나 물리적 환경의 변화에 따라 함께 변화하는 특성을 가진다. 반려동물은 계절과 관련된 주기를 행동으로 나타내며 성적 행동도 계절의 순환에 따라 다르게 표현한다. 우리는 반려동물의 특성을 정확히 이해하고 숙지하는 것이 중요하다. 반려동물 행동발달의 개념은 반려동물에 대한 주기와 패턴을 정확히 이해하는 개념이라고 설명할 수 있다.

반려동물 행동발달의 개체차와 문제행동

    반려견의 유전적인 요소의 성격 형성은 태어나서 형성되는 강아지 시절의 환경적 영향을 무시할 수가 없다. 해외에서도 Nature과 Nurture에 대한 연구가 오랜 시간 진행되고 있다. 반려견 견주가 강아지를 키우는 기본적인 소양과 지식 수준에 따라 반려견의 성향은 분명히 다르게 표현되고 있다. 공격적인 행동으로 반응하는 반려견의 기질에 대해 견주의 노력을 요하는 것은 강아지의 성향이나 성격이 상황에 따라 변하기 때문이다. 반려동물인 개나 고양이에게 가장 중요한 사회화 형성기에 우리는 반려동물과 함께 임프린팅 현상을 경험하게 된다. 임프린팅 현상이란 '새겨 넣음'으로 번역되고 있다. 또한, 어떤 본능적 행동에는 그것의 촉발인이 되는 것의 틀만이 결정되어 있고 실제로는 생후에 그 틀에 적합한 것이 '새겨진다'.

    예를 들어 거위나 집오리 새끼가 어미의 뒤를 따라가는 것은 부화 후에 최초로 본 움직임의 형태가 임프린팅된 것으로, 그것은 어떤 범위의 크기를 가진 것에 대하여 그러한 반응을 일으키게 하는 본능에 기초하고 있다. 이것은 촉발인 음성으로도 새겨진다. 임프린팅은 생애의 아주 이른 시기에 이루어지며 일단 형성되면 지극히 안정적이다. 학습의 일종이라고 생각하는 경우가 많지만 아직 논란이 있다. 같은 종(種)의 동물(개나 원숭이 등) 사이나 가축과 사육자 사이의 애정 결합으로 관계를 맺는다는 생각도 있다. 로렌츠에 의해서 연구되어 행동학의 중요한 개념이 되었다.

환경적 요인

반려견 커뮤니케이션

반려견 인프라

반려견 시그널

반려견 본능

반려견 통제

보편적으로 임프린팅 현상이 일어나는 수준과 시기는 반려동물의 종류에 따라 달라질 수 있다. 반려견들은 환경에 대한 적응력과 호기심이 많다. 반려견들의 기준에서 살펴보면 그들이 얼마나 환경에 따라 영향을 많이 받는지 알 수 있다.

환경적 요인으로 분석을 해 보면 5가지의 문제행동의 요인을 알 수 있다.

section 3.3.1 반려견 커뮤니케이션

반려견과 견주는 함께 시간을 보내면서 커뮤니케이션해야 한다. 반려견과 함께 보내는 시간이 부족하게 되면 관심을 끌기 위한 행동이나 이상 행동을 보이기도 한다. 또한, 분리불안이나 사회화가 전혀 이루어지지 않기 때문에 반응에 대한 무기력한 반응이 나타날 수 있다. 하루에 한 번 산책을 하면서 반려견의 스트레스를 풀어주면 과잉행동이나 우울증에 대한 것을 감소시킬 수 있다. 반려동물은 주인과의 커뮤니케이션을 위해서 매일 오랜 시간을 기다린다. 그것은 반려견과 견주들이 함께 공존하는 세상에서 이들에게 가장 필요한 것이 그들의 신호와 반응을 고민해야 하는 이유이다.

section 3.3.2 반려견 인프라

반려견 인프라는 함께 생활하는 공간을 의미한다. 반려견이 함께 생활하는 공간은 매우 중요하다. 공간의 안정감에 따라서 반려견은 도망을 칠 수도 있고 음식물을 제대로 급여하지 못하고 삼키는 경우도 있다. 또한, 땅을 파거나 물건을 뛰어넘는 등의 이상징후를 보일 수 있다. 인프라가 중요한 이유는 환경의 느낌과 감정에 미치는 요인 중의 하나가 인프라 공간이기 때문이다.

section 3.3.3 반려견 시그널

반려견의 신호를 잘 살펴보면 행동에 따라 다양한 신호를 표현하는 것을 알 수 있다. 예를 들어 쓰레기를 먹는다든지 카펫 위에서 오줌냄새를 맡게 되면 그 자리에 소변이나 대변을 보는 등 특정 패턴에 따라 신호를 받는다. 또한, 반려견들이 함께 식사를 하게 되면 서로를 경계하면서 싸움을 하게 된다. 상황은 한 번에 일어나는 패턴이 아니며 자극에 있어서 단계적으로 반응하고 있다.

section 3.3.4 **반려견 본능**

반려견은 본능적으로 반응한다. 즉, 발정기 암컷의 냄새를 맡게 되면 수컷은 흥분을 감추지 못하고 빠르게 다가서게 된다. 반려동물에 관해서 동물의 본성과 본능을 이해하는 것이 가장 중요하다. 반려견의 본능을 이해하기 위해서는 그들의 동물적인 본성을 알고 대하는 것이 필요하다.

section 3.3.5 **반려견 통제**

반려견은 현재 많은 사람들과 함께 삶을 영위하고 있다. 그들을 통제하고 제재할 수 있어야 함께 살아가는 사회에서 많은 문제들로부터 자유로울 수 있다. 즉, 반려견이 빠르게 움직이는 타인을 뒤쫓아가는 것이나 다른 동물들을 보고 뒤쫓아가는 것은 반려인이 반려견을 어떻게 통제할 수 있느냐에 따라 달라질 수 있는 것이다. 반려인이 감독과 통제를 제대로 진행하게 되면 가구를 손상하거나 이상행동을 보이는 것을 즉각적으로 통제하고 관리할 수 있다. 이처럼 반려인이 통제에 대한 내용을 정확히 숙지하고 인지하는 것은 모든 상황을 판단하고 대응할 수 있는 중요한 내용이다.

결론적으로, 우리는 환경적인 요인과 상황에 따라 반려동물의 주변환경에 대한 완벽한 이해를 하고 있어야 한다. 반려동물의 문제행동의 가장 중요한 두 가지는 건강상태 체크와 환경에 대한 체크이다. 항상 한 면만을 보고 판단하는 것이 아니라 다양한 시각에서 건강 상태와 환경을 함께 고민이 필요한 이유이다.

반려견 문제행동(Dog problem behavior)

　반려견의 문제행동은 보호자의 잘못된 행동과 반려인 교육의 부재로 대부분 발생한다. 보호자가 이러한 문제행동을 해결하기 위해서는 반려견에 대한 지속적인 관심과 관찰이 필요하다. 모든 반려견 문제행동의 시작은 보호자의 행동으로부터 시작됨을 알아야 한다. 또한, 우리는 반려견들이 왜 이러한 행동을 하게 되었는지를 늘 고민해야 한다. 반려견 문제행동의 해결을 위해 제일 중요한 것은 사전 예방활동을 진행하는 것이다. 이는 반려견 행동 교정을 하기 위한 가장 중요한 부분이다.

　대부분의 문제행동에 대해서 많은 이들은 전문가나 다른 사람들에게 답을 얻고자 한다. 반려견 문제행동의 원인과 해결은 많은 시간을 관찰하고 함께한 사람이 정확히 파악하고 해결할 수 있다. 그렇기 때문에 아무리 전문가라고 할지라도 반려견을 보호자만큼 잘 알 수는 없는 것이다. 전문가들이 문제행동에 대해 보호자와 상담을 진행하면서 가장 유심히 살펴보는 것도 이러한 관찰의 관점으로부터 시작됨을 알아야 한다.

section 3.4.1 　반려견이 짖는 문제행동

　우리가 알고 있는 대부분의 반려견들은 짖는 것으로 자신의 의사를 표현한다. 반려견이 짖고 울부짖는 것에는 항상 이유가 있다. 또한, 하울링 같이 우는 소리를 내는 경우에도 이유가 있다. 이러한 현상과 상황이 발생했을 때는 왜 이런 행동이 일어나고 있는지를 관찰하고 고민해 보아야 한다. 만약, 반려견의 소리가 과하다면 그것은 다양한 유형으로 소리가 표현되는 것이다. 반려견이 짖는 의미는 경고, 장난, 흥분, 관심, 걱정, 지루함 등의 감정으로 나타난다.

　이러한 짖는 문제는 보호자의 잘못된 이해와 행동으로 개에게 인지가 된 것이다. 개가 짖고 문제를 일으키는 데에는 항상 보호자와의 연관관계가 있다. 우리는 이러한 문제를 해결하기 위한 방법을 항상 고민하고 원인을 살펴야 한다. 반려견이 짖는 문제행동을 일으키는 원인은 다양하게 존재한다. 그 원인과 해결책을 찾는 과정에서 우리는 앞뒤 상황의 연관관계를 상황에 맞추어 항상 고민하는 연습을 해야 한다. 반려견의 짖는 문제행동을 해결하는 최적의 방법은 평소 생활 패턴과 영역을 분석하는 것이다. 또한, 그 상황을 재연해 봄으로써 정확한 해결책을 찾아 문제를 해결할 수 있다.

▌ 반려견이 짖는 문제행동 ▐

반려견이 물건을 씹는 문제행동

반려견이 무언가를 씹는 것은 매우 자연스러운 행동이다. 하지만, 반려견이 가정에서 가구나 전자제품을 과도하게 씹을 경우에는 물건에 대한 심각한 손상이 발생한다. 반려견은 왜 이런 행동을 할까? 대부분의 반려견들은 강아지 때에 이갈이 등을 거치면서 이와 같은 행동을 한다. 강아지가 이갈이를 하는 경우나 지루하거나 과도한 에너지를 방출하지 못한 경우에 반려견은 물건을 씹는다. 그리고, 걱정이나 근심이 많은 경우나 호기심이 많은 경우에도 이런 이상 행동을 보이는 경우가 있다. 만약, 이러한 상황이 자주 발생한다면 보호자는 반려견과 생활하는 공간을 정확하게 분리하여 주어야 한다. 우리가 꼭 알아야 할 것은 이러한 문제행동이 대체로 에너지 해소와 반려견의 기분 상태와 밀접한 관련이 있다는 사실이다. 우리는 반려견이 충분한 에너지를 소비할 수 있도록 운동과 산책에 항상 신경을 써야 한다. 그렇게 해야 반려견의 움직임과 호기심을 최소화할 수 있다. 또한, 노즈워크 활동이나 놀이를 통해서 충분히 이런 행동을 멈추도록 유도해야 한다.

▮ 반려견이 물건을 씹는 문제행동 ▮

section 3.4.3 **반려견이 땅을 파는 문제행동**

　　반려견 중에 기회가 생기면 즉시 땅을 파거나 주변을 파는 시늉을 하는 강아지가 있다. 사실 반려견의 혈통 중에 사냥을 한 경험이 있기 때문에 많은 강아지들은 땅을 파는 경우가 있다. 특히, 테리어 견종의 경우는 사냥에 특화된 성격과 경험 때문에 이러한 행동을 많이 보이게 된다. 대부분의 반려견이 땅을 파는 이유는 과도한 에너지 분출, 불안한 감정, 두려운 감정, 사냥 본능, 장난감이나 뼈 등을 숨기고 싶어하는 욕구 때문이다. 반려견은 항상 자신이 있는 환경에서 다른 곳으로 탈출하고자 하는 욕구를 가지고 있다.

▌ 반려견이 땅을 파는 문제행동 ▌

반려견 분리불안으로 인한 문제행동

반려견 분리불안은 일반적으로 가장 많이 알려진 내용이다. 분리불안의 증상은 하울링, 가구나 물건 훼손, 잘못된 배뇨 및 배변 습관 등이 있다. 이러한 행동은 보호자와의 분리가 이루어지고 나서 발생하게 된다. 분리불안의 징후는 이렇다. 반려견은 보호자가 떠날 준비를 할 때부터 불안해하는 행동을 보이기 시작한다. 이후 보호자가 떠난 후에는 처음 10분에서 45분 경과 사이에 문제행동을 일으킨다. 또한, 보호자의 행동이 이상하다고 판단된 경우에는 반려견이 보호자를 계속 따라다닌다. 그리고 보호자에게 다가서서 자신을 만져 달라고 계속 관심을 끌게 된다.

반려견에 대한 분리불안 행동 관찰 시에는 두 가지 방향성으로 접근해서 분석해야 한다. 분리불안에 대한 좋은 기억을 만들어 주는 훈련적 관점과 분리불안이 너무 오래 지속되어 의학적인 치료가 필요한 경우에 따른 접근이 필요하다. 훈련적 관점은 전문 훈련사의 경험과 상담을 통해서 해결될 수 있으며 의학적인 관점은 전문 수의사의 건강검진을 통해 필요에 따라 약물 치료를 병행하여 해결될 수 있다. 특히, 가장 중요한 것은 행동 자체의 문제가 아닌 질병으로 발생한 경우에 대한 분석이다. 1차적으로는 항상

‖ 반려견 분리불안으로 인한 문제행동 ‖

질병적인 원인이 없는지를 고민하는 습관을 가져야 한다. 그렇지 않고 훈련적인 하나의 관점으로만 바라보게 된다면 아픈 반려견에게 아프다고 말하는 것이 잘못됨을 가르치는 교육과 훈련을 진행하게 된다.

section 3.4.5 잘못된 배변으로 발생하는 문제행동

현대 사회에서 사람들과 반려견이 함께 생활하면서 가장 많이 걱정하는 것이 바로 배변훈련이다. 배변훈련의 가장 기본은 영역에 대한 구분으로부터 시작된다. 배변에 대한 문제행동으로는 복종 시에 배뇨, 흥분 시에 배뇨, 자신의 영역을 표시하는 배뇨, 걱정과 불안으로 인한 배뇨 등이 있다. 사실 배변에 대한 문제행동은 강아지 때 처음 습관이 제일 중요하다. 생후 12주 이전에 반려견이 배변훈련에 대한 숙지와 행동을 경험함으로써 습관화하지 않으면 반려견의 행동을 교정하는 것은 정말 수월하지 않을 수 있다. 배변훈련과 교정은 적절한 타이밍과 반복학습이 매우 중요하다. 또한, 이러한 배변훈련시기를 잘 판단하는 것도 정말 중요함을 잊지 않아야 한다.

▌ 잘못된 배변으로 발생하는 문제행동 ▌

식사 예절을 지키지 않는 반려견 문제행동

반려견의 문제행동 중 보호자가 인지하지 못하는 나쁜 습관이 바로 식사예절이다. 사람 역시 어린 시절에 식사예절을 어떻게 배우느냐에 따라 유아기의 행동이 천차만별로 다른 것을 볼 수 있다. 좋은 식사예절은 좋은 행동을 만들지만 잘못 배운 식사예절은 나쁜 행동을 만들 수밖에 없다. 그렇기 때문에 반려견이 음식 앞에서 서성이면서 음식을 달라고 하는 행동을 보일 경우 타이밍을 맞추어 규칙대로 행동해야 한다. 마치 반려견이 음식을 구걸하듯이 주인의 앞에 포기하지 않고 짖거나 점프를 하는 등의 행동을 보이는 것은 매우 안 좋은 행동임을 반려견에게 가르쳐 주어야 한다. 보호자가 처음 한 번은 애교로 봐 주는 경우에서부터 문제가 시작된다. 횟수가 지속되면서 반려견의 이런 행동은 그 자체가 허용되는 것으로 생각되기에 향후에는 심각한 문제로 다가오게 된다. 우리는 어린 강아지 시절에 배우는 식사예절이 결국 평생 반려견이 살아가는 식사예절의 기본이 된다는 사실을 알고 잘 가르쳐 주어야 한다.

만약, 보호자가 반려견과 식사를 하는 경우라면 식사를 하기 전에 반드시 반려견을 다른 자리로 이동시킨 후 기다리는 훈련을 시켜야 한다. 또한, 식사 중에는 절대 반려견

┃ 식사 예절을 지키지 않는 반려견 문제행동 ┃

에게 관심을 보이거나 음식을 주는 등의 행위를 해서는 안 된다.

section 3.4.7 반려견이 물건이나 사람을 쫓는 문제행동

반려견의 혈통 자체에는 본능적으로 움직이는 물체나 뛰는 사람을 쫓는 사냥적 습성이 있다. 이로 인하여 사람이나 동물, 자동차 등을 쫓아 달리는 반려견이 있다. 이는 매우 위험한 상황과 문제를 일으킬 수 있다. 잘못된 한순간의 판단으로 반려견이 사고를 당하거나 위험에 빠질 수 있음으로 주의해야 한다. 이러한 문제행동을 예방하기 위해서는 평소 반려견과 외출 시 항상 목줄을 해야 한다. 또한, 반려견이 목줄이 풀린 경우에도 '이리와'라고 명령을 내리면 즉시 달려올 수 있도록 훈련이 되어야 한다. 이러한 습관을 형성하기 위해서는 평소에 호루라기나 음성적인 소리를 낸 후 반려견이 집중하면 즉각적으로 보상해 주어 좋은 기억을 만들어 주어야 한다. 또한, 반려견 기초 훈련으로 개물림 사건이 일어나지 않도록 사회화시키는 것에 신경을 써야 한다. 이와 같은 문제행동에서 일어나는 추격 사건은 대부분 피해자가 소리를 지르거나 너무 격한 반응을 하는 것에 있다. 이 문제를 해결하기 위해서는 그 원인이 되는 내용을 파악해야 한다. 또

┃ 반려견이 물건이나 사람을 쫓는 문제행동 ┃

한, 이와 같은 상황을 재연하고 훈련함으로써 사전 예방훈련을 계속해야 한다.

section 3.4.8 **반려견이 점프하는 문제행동**

반려견들이 감정의 표현으로 점프를 하는 경우가 있다. 반려견이 점프하는 것은 현상 자체로는 일반적이고 자연스러운 행동이라고 볼 수 있다. 하지만, 반가운 나머지 상황이나 사람을 파악하지 않고 흥분하거나 사람에게 점프하여 문제를 일으키는 경우가 종종 발생한다. 보호자들이 대부분 성인인 경우는 문제가 없는 것처럼 보이나 아이나 노약자가 있는 환경에서는 이러한 행동은 심각한 문제로 발전할 수 있다. 즉, 반려견의 점프를 통제하지 않고 단순하게 생각한다면 심각한 문제로 이어질 수 있어 보호자뿐만 아니라 타인에게 피해를 줄 수 있다.

만약, 아이를 키우는 가정에서 반려견이 점프를 하는 경우라면 즉시 바디 블로킹을 통해서 통제해야 한다. 반려견이 점프를 하기 시작한다면 즉각적으로 반응을 하지 말고 반려견의 흥분이 진정된 후에 반려견을 상대해야 한다. 이러한 행동을 귀엽게 받아들이지 말고 올바른 행동을 할 수 있도록 보호자는 지속적인 관심과 훈련

┃ 반려견이 점프하는 문제행동 ┃

을 병행해야 한다.

section 3.4.9 반려견이 물건이나 사람을 무는 문제행동

반려견은 개라는 동물의 특성을 가진 만큼 본능적으로 무는 성향을 가지고 있다. 보통 어린 시절의 강아지를 보게 되면 어미개가 어린 강아지에게 무는 것에 대하여 가르치는 것을 볼 수 있다. 어미개는 어린 강아지들에게 너무 세지 않고 자연스럽게 무는 법을 가르친다. 이 시기가 바로 반려견 사회화 시기다. 하지만, 너무 어린 강아지가 이러한 시간을 보내지 않고 입양이 된 경우에는 사회화 시기를 놓쳐 여러 가지 이상행동을 보이는 경우가 있다. 일반적으로 강아지가 무는 이유는 무서울 경우, 방어를 하기 위한 경우, 지켜야 할 물건이 있을 경우, 통증이나 질병으로 인한 경우, 선제적 공격을 하는 경우 등이 있다. 하지만 대부분의 무는 문제행동이 발생하는 경우는 보호자가 적절한 시기에 알맞은 사회화 훈련을 하지 않아 발생하는 것이다.

┃ 반려견이 물건이나 사람을 무는 문제행동 ┃

반려견이 사람을 공격하는 문제행동

반려견의 공격성은 선제적 공격, 으르렁거리는 경고, 이빨을 보이는 행위 등으로 표현이 될 수 있다. 우리가 키우는 대부분의 반려견은 낯선 사람을 만나거나 환경에 놓일 때 공격성을 보일 수가 있다. 개의 공격성은 근본적으로 사회화가 되지 않은 경우와 의학적으로 건강상 문제가 있는 경우 등이 원인이다. 일반적으로 반려견 품종에 따라서 성격이나 혈통이 다르다. 반려견 중에 공격적인 성향을 가진 개들은 사회화 교육이 필요하다. 우리는 이러한 공격성의 문제가 반려견이 처한 환경, 그리고 보호자의 습관과 관련이 있다는 것을 알아야 한다. 또한, 어린 강아지 시절의 사회화 훈련이 얼마나 큰 영향을 미치는지 알아야 한다. 그리고 보호자가 훈련과 교육을 어떻게 시키고 있는지를 면밀히 체크해 보아야 한다. 이러한 모든 것들이 결국에는 공격하는 반려견의 문제행동을 해결할 수 있는 중요한 요소가 되는 것이다.

▌ 반려견이 사람을 공격하는 문제행동 ▌

CHAPTER

04

반려동물 생식행동

CHAPTER

04

반려동물 생식행동

학습목표

• 반려동물 생식행동 개념과 분류에 대한 학습을 한다.
• 반려동물 성행동과 육아행동에 대한 학습을 한다.

section 4.1 　서론

　　반려동물 생식행동의 개념과 분류를 이 장에서 살펴본다. 우리가 알고 있는 생식행동과 성행동, 육아행동이 이르기까지 반려동물 행동에 대한 내용을 보다 심도 있게 학습하고자 한다. 반려동물도 마찬가지로 기본적인 생식행동을 이해하는 것은 그들의 패턴을 이해하는 데 많은 도움이 된다.

section 4.2 　반려동물 생식행동의 개념

　　반려동물 생식행동(reproductive behavior)은 동물의 정자가 난자에 이르게 되는 교배와 태어난 새끼를 기르는 동물의 행동에 대해서 생식행동으로 정의되고 있다. 반려견인 수컷 강아지는 성적 활동에 대한 증가 또는 감소에 계절적인 영향을 받지 않는다. 암컷 강아지로부터의 외부 자극으로 인해 언제든지 자극을 받을 수 있는 상태다. 반려견 수컷의 생식기관의 중요한 구조로 정자의 생성 및 저장은 고환 내에서 발생하고 있다. 다양한 사례에 따라 반려견의 정자는 정관에 의해 전립선으로 운반되며 전립선 내에서 추가로 채액이 영양 공급된다.

강아지의 수컷과 암컷의 생식 기관은 2년 내에 성견으로 성장할 때까지 완전하게 발달하지는 않는다. 암컷 강아지는 난소가 성숙되는 생후 6개월~10개월 사이에 첫생리를 시작한다. 또한 수컷 강아지는 태어날 때, 고환이 배 속에 있는 경우가 있다. 이러한 경우에는 양쪽 콩팥 바로 밑에 각각 1개씩 있던 고환이 점차적으로 하강을 하게 되면서 음낭 안으로 들어가게 된다. 일반적으로 반려견 초년생 강아지들의 경우 대부분 복강 내부나 복벽에 위치하고 있다.

section 4.3 반려동물 생식행동의 분류

section 4.3.1 반려견 생리주기

반려견의 암컷의 생리 주기는 평균 2−4주로 형성된다. 암컷은 8개월에서 18개월 사이에 성적인 성숙에 이르게 된다. 또한, 품종에 따라 성적 성숙의 정도가 많이 차이나며 주기도 다르게 나타나고 있다. 생리가 진행되면 평균 12−15일 동안 진행하게 된다. 이때 정확한 교배 주기와 시기를 찾기 위해서는 동물병원에 가서 교배 최적기를 확인해 보는 것이 좋으며 품종과 혈통을 고려한 종견을 선별하는 것도 중요하다.

section 4.3.2 강아지 생리시 증상

반려견의 생리시의 신체적인 특징은 생식기가 천천히 부어 오르게 되고 유선이 커지며 생리가 시작되게 된다. 이때, 반려견이 매우 예민해지고 평소와는 매우 다른 행동을 보이며 불안해 한다. 또한, 식욕이 매우 떨어지는 경우도 있다. 반려견을 키우는 견주들은 강아지의 생리시에 평소와 다른 행동을 보이는 부분에 대해 관심을 가지고 세심히 관찰해 볼 필요가 있다.

반려견의 생리는 시작하고 난 후 11일에서 15일 전후로 해서 출혈이 멈춘다. 이렇게 출혈이 멈춘 시점 이후 7일 정도를 임신 가능기라고 보는데 확률이 가장 높은 시기는 출혈이 멈춘 후 3−4일 정도가 교배적기라 볼 수 있다. 해당 기간을 놓친 경우에도 임신의 가능성은 있지만 매우 낮은 편이다.

강아지 교배는 첫 생리 때는 교배를 시키지 않는 것이 좋으며 반려견은 평균 2−3세 정도에 교배를 시켜 새끼 출산을 경험해 보는 것도 좋다.

section 4.4 반려동물 브리딩 분류

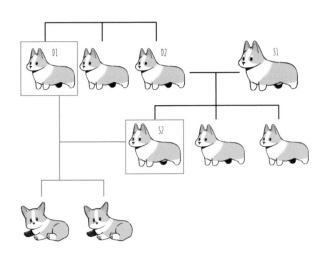

section 4.4.1 인브리딩(inbreeding)

인브리딩은 근친교배(近親交配)를 의미한다. 인브리딩이란 부모와 자견, 같은 동배의 남매나 배다른 남매를 의미하거나 아빠가 다른 남매의 경우도 인브리딩에 속한다. 혈통 관계도에서 가까운 혈연관계가 있는 유전자를 부모로부터 받아 혈통이 형성되는 것을 의미한다. 흔하게 근친교배라는 말로 익숙해져 있으며 단점으로는 열성 유전자를 가진 자견의 경우에는 기형이나 건강상의 이상을 가진 형태로 태어나는 경우도 있다. 근친교배의 경우는 혈통 보존을 위해 진행을 하지만 정확한 브리딩에 대한 이해도나 경험이 없는 브리더가 아니라면 이 방법은 피하는 것이 좋다. 또한, 유전자에 대한 기본적인 지식이 있는 상황에서 인브리딩은 항상 고려되어야 한다.

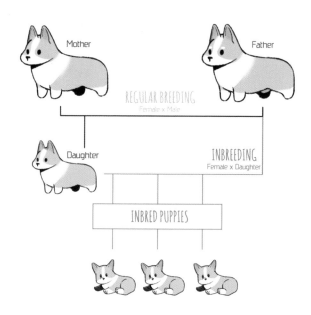

section 4.4.2 **라인브리딩(linebreeding)**

라인브리딩은 동종 이계(同種異系) 번식을 의미한다. 흔히, 가장 많이 알려진 브리딩으로 4대 안에서 공통적인 선조를 가지는 번식방법이다.

조부모와 손자, 사촌, 숙부모견의 조카, 증손자 간의 교배를 의미하며 동일 혈통의 동일한 유전인자를 승계받아 비교적 혈통이 좋은 자견을 출산하기 위한 목적을 두고 있는 번식법이다.

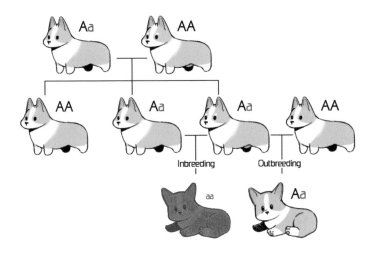

section 4.4.3 **아웃브리딩(Out Breeding)**

아웃브리딩(Out Breeding)은 이계교배(異系交配)를 의미한다. 동계교배와 대응되는 말이며 순수한 AA와 aa의 두 계통의 교배가 이계교배이다. 즉, 품종은 같지만 계통이 다른 품종을 서로 교배시키는 것을 의미한다. 또한, 아웃브리딩은 6대 조상까지 공통점을 가지고 있지 않는 차별화된 혈통 번식법이다.

서로 다른 두 혈통의 장점을 가져오기에 좋은 번식법으로 품종이 같은 서로 다른 계통의 장점만을 가지고 태어날 수 있는 확률을 가진다. 하지만, 부모의 계통이 아닌 불안정한 유전자를 가진 중간 형태의 자견이 출생하는 경우도 많이 있다. 아웃 브리딩의 경우는 번식에 대한 많은 연구를 필요로 하며 브리딩하기 위한 종견과 종빈견의 장단점을 잘 파악해야만 좋은 혈통의 자견을 번식할 수 있다.

반려동물 육아행동

정상 출산

산후 어미개의 관리하는 기간은 보통 4주 정도의 스케줄로 진행된다. 산후에는 모견이 받는 스트레스가 심하므로 모견의 건강관리와 함께 무엇보다 가장 중요한 것은 심리적인 안정이다. 또한, 외부 사람들과의 격리를 통해서 새끼들을 잘 관리할 수 있는 환경을 조성해 주어야 한다. 출산한 모견의 경우는 분만을 끝내고 나서 수유를 한 뒤에 강아지들이 잠에 들었을 때 잠깐 산책을 시키며 배변을 함께 볼 수 있도록 해 주는 것도 매우 중요하다. 평균 소요시간은 대략 10분~20분 정도가 좋다. 이때 모견이 활동하면서 유선이 자극을 받게 되면 모유수유가 원활해지는 장점이 있다.

출산 후에는 영양분이 매우 부족하므로 약 일주일간은 칼로리가 높으며 흡수력이 좋은 식단으로 구성하는 것이 매우 중요하다. 식사는 하루에 3회 정도 나누어 주면서 1회에 대한 급여는 모견이 먹는 양의 70% 이상을 급여한다. 자견을 출산한 후 모견에게서 출혈과 함께 분비물이 나오는 경우가 있다. 대부분 2주후에는 분비물의 색깔이 연해지며 점차적으로 양이 줄어든다.

비정상 출산

산후의 어미개가 제왕절개 수술 중에 사망하거나 어미개가 잘못되었을 때 신상 자견에 대해 초유를 먹이는 방법을 설명하고자 한다. 신생 자견은 생후 초기에 초유를 먹어야 한다. 이때 2시간 간격으로 초유를 먹이며 초유는 전자레인지에 살짝 데운다. 처음에는 1cc에서 시작해 아기 강아지가 받아 먹는 정도를 체크하면서 점차적으로 증량한다. 보통 한번 개봉하게 되는 초유의 경우는 냉장에서 보관하며 평균 개봉한 후에는 2일에서 3일 사이가 지나면 상하는 경우가 발생하므로 변질되지 않도록 세심한 관리가 필요하다.

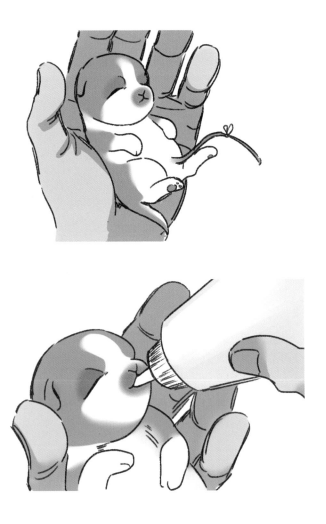

신생아 강아지에게 초유를 먹이고 등 부위를 가볍게 마사지하여 목과 배 부위를 살살 문질러 준다. 강아지가 소화를 잘 할 수 있도록 도와주며 호흡 상태를 항상 체크해야 한다. 또한, 식사 후에는 배변을 도와주어야 하므로 화장지나 따뜻한 물수건을 잘 활용하여 생식기를 마사지해 주어야 한다. 이는 어미개가 강아지의 배변을 돕기 위해 핥아 주는 것과 같은 행동을 의미한다. 배변은 1일 1번 이상은 꼭 봐야 하므로 배변을 잘 도울 수 있도록 관리해야 한다.

CHAPTER

05

반려동물 의사소통

CHAPTER 05

반려동물 의사소통

학습목표

• 반려동물 소리, 냄새, 장난감 놀이를 활용한 의사소통에 대해 학습한다.
• 반려동물 의사소통 방법에 대해 학습한다.

section 5.1 | 냄새를 이용한 의사소통

section 5.1.1 | 노즈워크(nose work)

노즈워크(nose work)는 강아지의 뛰어난 후각 능력을 이용하여 의사소통하는 방법이다. 이 훈련법은 탐지견의 훈련을 모방한 스포츠다. Kong장난감, 스너플매트(노즈워크 담요), 간식볼, 후각놀이 장난감은 반려견에게 독립심을 키워 분리불안을 없앨 수 있는 하나의 방법이다. 노즈워크는 반려견이 바닥에 뿌려 놓은 간식을 쉽게 찾아 먹는 것부터 스너플매트를 활용하는 방법 등 다양한 방식으로 반려견에게 코를 사용하게 함으로써 스트레스를 감소시키고 본능적으로 물거나 뜯는 행위를 자연스럽게 가르쳐주는 교육 방법이다. 반려견은 50% 이상을 후각에 의지한다. 반려견의 코는 사람의 눈만큼이나 중요하다. 담요 노즈워크 방법은 얇은 담요 안에 간식을 숨겨 놓고 반려견이 냄새를 맡아 간식을 찾아내면 칭찬해 주는 놀이이다. 최근에는 영화에 출연하는 출연견들이 박스 노즈워크 훈련을 많이 하고 있다. 이를 통해 영화에 출연하는 출연자와 출연진들이 교감하며 함께 소통할 수 있다. 박스 노즈워크는 박스를 이용하기 전에 종이컵 안에 간식을 넣어 주고 작은 박스에 종이컵 간식을 배치하여 이를 찾아내면 성공하는 게임이다. 이를 통해 반려견이 간식을 찾는 것에 성공하면 칭찬해 주는 놀이이다. 또한, 점진적으로 훈련의 난이도를 높이기 위해서는 박스의 개수를 늘려 사용하게 되면 한 단계 업그레이드된 교육을 진행할 수 있다.

section 5.1.2 배변훈련

배변훈련은 배변 유도제를 뿌려 암모니아 향이 나는 것을 반려견이 냄새를 맡아 배변 확률을 높이는 방법이다. 배변 훈련의 가장 중요한 방법은 수면을 취하는 장소, 놀이를 하는 장소, 배변을 하는 장소를 명확하게 구분하여 주는 것이다. 반려견에게 단순히 공간을 분리해 주는 것만으로는 배변훈련에 100% 성공할 수 없다. 하지만, 울타리를 통해 적정한 공간을 분리해 주고 배변을 보게 되는 타이밍에 배변유도와 함께 칭찬을 아끼지 않아야 배변훈련에 성공할 수 있다. 반려견들은 식후 30분에서 1시간 이내에 배변을 보는 경우가 있다. 배변판 위에 배변 유도제를 뿌려 놓고 배변을 보도록 유도해 주는 행위를 통해 배변판에서 볼일을 볼 수 있도록 해야 한다. 원하는 방향에서 반려견이 실수하지 않고 배변을 잘 보게 되면 칭찬과 보상을 아끼지 말아야 한다. 반려견이 좋은 기억을 가질 수 있도록 도와야 한다.

section 5.1.3 켄넬훈련

켄넬훈련은 켄넬 안에 강아지가 좋아하는 간식을 넣어 냄새를 맡고 먹으러 켄넬 안으로 들어가게 유도하는 방법이다. 켄넬에 들어가기 무서워하거나 두려움이 많은 반려견에게 켄넬에서의 좋은 기억을 심어주는 것에 착안한 훈련방법이다. 훈련에서 가장 중요한 것은 좋은 기억이다. 좋은 기억을 어떻게 만들어 줄 것인지에 대해 우리는 고민해야 한다.

section 5.1.4 루어링 훈련

루어링 훈련은 손에 간식을 들고 이리저리 움직이면서 냄새를 맡게 하는 방법이다. 이 훈련방법을 통해서 앉아, 엎드려, 기다려, 손, 돌아 등 개인기, 기본 복종훈련이 가능하다.

탐지훈련

탐지훈련은 상자에 구멍을 뚫어 강아지가 그 구멍으로 냄새를 맡아 물건을 찾는 훈련법이다. 탐지견이나 특수목적견들이 훈련목적에 맞는 훈련을 익힐 때 사용하는 훈련방법이다.

┃ 탐지 훈련 ┃

추적훈련

추적훈련은 땅에 간식을 숨겨 두고 후각에 의존해 발자국의 냄새를 맡으면서 추적하는 방법이다. 반려견은 잠재적인 후각을 사용할 수 있게 만들어 준다. 경찰견이나 구조견들은 추적훈련을 통해 범인을 추적이거나 인명을 구조할 수 있다. 이런 훈련은 초기 훈련들이 쌓여서 고급 훈련의 기술을 익히게 되는 것이다,

┃ 추적 훈련 ┃

소리를 이용한 의사소통

section 5.2.1　클리커 트레이닝

　클리커의 "딸깍" 소리를 이용한 훈련으로 파블로프의 법칙을 응용하여 클리커 소리를 내면서 간식을 주는 방법이다. 강아지가 소리로써 옳은 방향으로 가도록 인도해 주는 훈련 방법으로 많이 사용되고 있다. 클리커 트레이닝은 파블로프의 개 실험에 착안했다. 종이 울리고 난 뒤에 먹을 것을 주는 행동을 반복하게 되면 종만 울려도 개가 침을 흘린다는 반응을 보인 실험이다. 이는 이론적으로 고전적 조건화로 연관성을 학습하는 효과를 가진다.

　스키너의 이론은 조작적 조건화다. 스키너는 좋은 결과를 가져오는 행동의 빈도는 늘어나고 불쾌한 결과를 가져오는 행동의 빈도는 줄어든다는 이론이다. 예를 들어 무단횡단을 하게 되다가 경찰관에게 적발이 된 경험이 있는 사람은 무단 횡단을 하지 않는다는 견해를 가진다.

초인종 소리에 반응하는 반려견

초인종 소리가 났을때 개에게 반복적으로 이름을 부르거나 소리 나는 장난감 등을 반려견에게 주어 관심을 유도시켜 강아지가 더 즐거워할 수 있는 요소를 제공한다. 즉, 벨이 울리는 동시에 간식을 주며 매번 벨이 울릴 때마다 1－3초 사이에 간식을 주는 것으로 반려견에게 좋은 기억을 심어준다. 이를 통해 반려견은 벨 소리가 울려도 두려움을 느끼지 않으며 간식을 통한 보상이나 장난감을 기대하는 좋은 기억을 가지게 된다.

초인종 소리에 반응하여 짖거나 소리에 반응하지만 이에 대한 좋은 기억을 만들어 줌으로 인해서 초인종에 대한 좋은 감정과 이해를 가지게 할 수 있다.

소리 나는 장난감

소리 나는 바블볼(움직이는 공)을 활용하여 반려견과 교감하는 훈련을 할 수 있다. 또한, 꼬끼오 닭 장난감 같은 경우 눌렀을 때 장난감에서 소리가 나는 점을 활용한 훈련법도 있다.

천둥, 빗소리에 반응하는 반려견

소리를 통한 의사소통

반려견과 다양한 소리를 활용한 의사소통!

▌ 반려견 소리를 활용한 의사소통 ▌

천둥과 빗소리에 반응하는 반려견의 경우에도 가장 중요한 것은 반려견이 이 소리에 두려움을 느끼지 않도록 간식을 통한 보상을 받게 하는 것이 중요하다. 좋은 기억을 만들어 주어 두려움으로부터 해방될 수 있게 하는 노력이 필요하다.

section 5.3 　 장난감과 놀이를 이용한 의사소통

section 5.3.1 　 숨바꼭질

반려견과 함께 집에서 놀다가 갑자기 숨어서 반려견이 찾아내게 만드는 놀이이다. 반려견의 후각을 이용해 놀아줄 수 있는 놀이로 반려견이 좋아하는 장난감이나 간식을 손에 가지고 있다가 적당한 곳에 숨기는 놀이다. 강아지가 주인을 찾게 되면 밝은 목소리로 칭찬해 주고 손에 가지고 있던 장난감으로 놀아주는 시간을 갖는다.

section 5.3.2 　 터그 놀이

반려견을 향해 수건이나 천을 이용해 강아지와 같이 당기기 놀이를 진행하는 놀이다. 물체에 대한 집착성을 키워 줌으로써 스트레스를 해소시킬 수 있다. 반려견은 본능적으로 줄다리기를 하면서 물고 당기며 노는 것을 매우 흥미로워한다. 강아지와 놀이하는 것에 가장 중요한 것은 타이밍과 반복되는 명령에 대한 정확하고 일정한 패턴이다. 명령어를 반복하더라도 톤과 음색은 동일하게 내야 하며 명령어를 잘 알아들을 수 있도록 반복 학습 훈련을 시켜야 한다. 장난감을 가지고 "시작"이라고 외친 후 천천히 당기며 강아지와 재미있게 놀아준다. 그렇게 진행을 하다가 "그만"이라는 명령어와 함께 장난감을 당기는 것을 멈추게 중단시킬 수도 있어야 한다. 훈련은 타이밍이며 이를 통해 반려견은 훈련에 대하여 정확히 인지를 할 수 있다.

section 5.3.3　독 댄스

반려견과 춤을 추면서 놀 수 있는 훈련법이다. 예로는 '돌아', '차렷' 등이 있다. 적절한 보상과 함께 반려견과 독 댄스를 진행하면 반려견과 의사소통에 따른 교감을 높일수 있다. 독 댄스를 진행하나 반려견의 신체 구조적으로 무리가 가지 않는 범위에서 할수 있도록 잘 조사하고 준비한 후에 독 댄스를 해 볼 수 있다.

section 5.3.4　어질리티

독 스포츠로서 장애물 뛰어넘기 등을 통해 강아지의 유연성과 자신감을 키워 줄 수있다. 반려견과 사람이 함께 한 팀이 되어 경기를 진행하며 사람이 반려견에게 지시를내려 장애물을 통과하거나 뛰어넘는 미션을 클리어하는 경기이다. 이 경기에서는 표준타임으로 정한 시간에 미션을 누가 빠르고 정확하게 성공시키느냐가 관건이다. 주어진시간 내에 경기를 끝내는 것보다 중요한 것이 실수를 최소화하고 미션을 정확하게 수행하는 것이다.

section 5.3.5　프리스비

원반을 활용한 독 스포츠로 원반을 던지면 반려견이 공중에서 물어 가져오는 운동이다. 프리스비(Frisbee) 역시 반려견과 사람이 함께 호흡하는 경기이다. 원반을 던지면서동시에 반려견에게 신호를 주면 원반이 땅에 떨어지기 전에 반려견이 점프하여 원반을물어온다. 현재 프리스비는 어질리티와 마찬가지로 다양한 경기대회에서 실시되고 있다. 원반이라는 단순한 장비를 통해 반려견과 교감을 하며 즐거운 시간을 함께 보낼 수있는 스포츠로 자리를 잡고 있다. 이 훈련 방법은 유연성과 자신감을 키울 수 있다.

▌ 원반을 활용한 프리스비 ▌

▌ 반려견과 함께하는 어질리티 ▌

CHAPTER

06

반려동물 사회적 행동

CHAPTER

06 반려동물 사회적 행동

학습목표

· 반려동물 사회적 행동의 개념과 사회구조에 대해 학습한다.
· 반려동물 공격행동, 친화행동, 문제행동과의 관계에 대해 학습한다.

section 6.1 서론

반려동물의 사회적 행동의 개념과 사회구조를 이 장에서 살펴본다. 우리가 알고 있는 동물의 사회구조와 공격행동, 친화행동, 문제행동과의 관계를 살펴보면서 다양한 각도에서 반려동물의 행동학적 이해를 돕는 것에 목적을 두고 있다.

section 6.2 반려동물 사회적 행동의 개념

반려동물의 사회적 행동은 개별 반려동물에게서 발생하는 것이 아니라 복수 반려동물 또는 그 이상에서 일어나는 전체적인 관점의 행동으로 정의된다. 즉, 복수 반려동물 이상의 무리가 단순한 형태를 가질 때 발생하는 일련의 상황과 성적, 사회적 등 집단 내에서 다양한 형태로 일어나는 패턴으로 형성된다. 현재 반려동물의 사회적 행동은 개별 개체의 특성에 따라 다양한 패턴 형태로 나타나고 있다. 이에 대해 우리는 사회적 행동, 적응력 있는 가치 및 근본적인 메커니즘인 동물 행동, 행동 생태학, 진화 심리학 및 생물 인류학 등에 대한 내용을 이해해야 보다 세분화된 내용을 이해할 수 있다.

일반적인 사회적 행동은 반려동물을 키우면서 다양한 형태로 표현되지만 중요한 것은 개나 고양이에 따라 접근해야 하는 방법이 달라야 한다는 사실이다.

‖ 반려동물에 대한 특성을 이해한 접근 ‖

section 6.3 동물의 사회구조

반려견에 대한 사회구조를 이해하기 위해서는 야생 개, 늑대에 대해서 이해해야 한다. 개들은 집단 생활 환경에서 생활할 수 있으며 야생에서는 무리 형성을 통해 전형적인 늑대와 같은 무리를 형성할 수 있다. 일반적으로 선형적인 계층구조로 서열이 정의된다.

서열 싸움을 통해 싸움이나 경계를 형성하여 서열을 정의한다. 반려견의 서열은 강아지들이 서로 마주칠 때 꼬리의 위치를 보게 되면 알 수 있다. 꼬리의 방향이 올라가고 내려가느냐에 따라 서열을 알 수 있다. 또한, 반려견의 귀가 앞으로 향하거나 몸을 곧게 펴서 더 크게 보이게 하거나 몸을 앞으로 향하게 기울이는 강아지의 경우는 서열이 높은 강아지로 분류될 수 있다.

그러나, 서열이 정해지지 않은 강아지의 경우는 으르렁거리며 바로 싸울 태세를 갖추게 된다. 이때, 반려견을 정확히 컨트롤하지 못하면 강아지들은 서열을 정하기 위해 싸우게 된다. 즉, 서열이 높은 강아지는 보통 영역 표시를 하면서 자기보다 낮은 서열의 강아지 영역에 소변을 겹쳐 영역을 표시하는 경향이 있다. 반려견의 이와 같은 행동은 함께 사는 사회에서 만난 반려견들끼리 질서를 정하고 규칙을 지키기 위한 본능적 행동이다. 중요한 것은 이러한 행동의 인지와 대처하는 자세이다. 반려견 사회화 구조에서 우리는 반려견의 질서와 규칙을 배울 수 있다.

고양이는 다양한 패턴의 삶의 방식을 가지고 있다. 길 고양이의 경우 독립 생활 형태로 생활하거나 무리 안에서 생활하는 경우가 있다. 또한, 주인이 있지만 자유롭게 이동하며 생활하는 고양이가 있는 반면 집에서 주인에게 절대적으로 의존하는 고양이도 있다. 고양이는 반려견과 다르게 개별 영역에 대한 강한 집착을 보이고 있다. 즉 자신의 영역이 확실하며 자신의 영역을 침범하거나 위협받는다고 생각되면 공격을 가한다. 또한, 고양이는 영역에 대한 거리에 따라 빠른 판단력으로 상대에 따라 도망치거나 공격을 진행할 수 있다. 고양이의 행동은 신체적 표현, 놀이, 사냥, 몸단장, 영역표시(소변) 등으로 표현된다. 이는 고양이의 품종에 따라 다르게 표현될 수 있다.

section 6.4 공격행동

반려견의 공격행동은 다양한 반응으로 정의될 수 있다. 서열을 정하기 위해 싸우거나, 도망가거나, 회피하는 경우를 들 수 있다. 반려견은 상대에 따라 공격하거나 도망가거나 위험으로부터 회피하는 노력을 한다. 불안하고 두려운 상황에서는 싸우지 않으려고 하지만 한계점에 다다라 위험으로부터 방어할 수 없다고 판단될 때는 적극적으로 공격을 할 수 있다. 불안이 지속되다 보면 결국 반려견의 내적 에너지의 표출로 적극적인 대응에 나설 수도 있게 된다.

반려견의 공격행동 패턴으로는 공포에 의한 공격, 영역 침범에 의한 공격, 먹이 침범에 의한 공격을 들 수 있다. 공포에 의한 공격은 일반적으로 반려견의 환경에 대한 위협 오해로부터 발생하고 있다. 즉, 낯선 사람들이 접근하거나 어린아이가 달려들 때 극도의 불안감을 느껴 공포에 기반한 공격을 진행하게 된다. 즉 궁지에 빠져 있는 것으로 오인하여 공격에 나서는 경우가 발생한다.

영역 침범에 의한 공격은 반려견이 생활하는 영역인 소파나 침대에서 함부로 반려견을 만지거나 이동시킬 때 보이는 반응으로 으르렁거리거나 공격하는 행동을 보인다. 이는 익숙하지 않거나 모르는 사람의 경우에 더 심하다. 먹이 침범에 의한 공격은 먹이를 먹을 때 그것을 빼앗으려 한다고 느껴 방어를 하면서 공격이 발생한다. 반려견이 먹이를 집착하고 다른 사람들이 가까이 오는 것을 허용하지 않는다면 그 행동을 바로잡지 않으면 타인을 공격하는 성향으로 발전하거나 타인의 강아지를 물 수 있다.

반려견의 공격적인 패턴은 개의 품종과 성향에 따라 다르게 나타날 수 있다. 가장 중요한 것은 개는 침입자들에 대해 경고를 하고 그 위협을 받는 단계에서 자신의 방어를 위해 공격한다는 것이다.

‖ 반려견 공격행동 ‖

section 6.5 친화행동

개와 늑대는 모두 생후 4주차에 접어들 때쯤 듣고 냄새를 맡는 능력이 향상된다. 개들은 4주가 지나면 주변의 탐색을 시작한다. 즉, 사회화를 위한 시기에 새로운 대상에게 접근하고 탐구하며 천천히 영역을 넓혀간다. 사람과의 친화를 위해서는 지속적으로 접촉하며 반려견과의 교감을 시도해야 한다. 반려견이 서로 마주하게 되면 공격을 유발하는 경우도 있지만 서로의 냄새를 알게 되면 같은 편으로 인식하여 서로 거리감 없이 친하게 지낼 수 있다. 경계심이 많거나 친화력이 없는 경우에는 소변의 냄새를 묻혀 주면 빠르게 친화적으로 행동이 개선될 수 있다.

친화는 경계심의 감소부터 시작된다. 낯선 사람에서 주인으로 자리 잡기까지의 경계심의 감소는 매우 중요하다. 천천히 다가가야 한다. 반려견에 대해 일정거리를 두고 다가가야 한다는 것은 정말 중요한 내용이다. 이를 통해, 반려견이 서서히 안심하게 되면 이 패턴이 유지될 수 있도록 천천히 반려견과의 교감을 시도한다. 시간이 지나서 반려견과 친근하게 지내게 되면 반려견은 식구로서 인정하게 된다. 즉, 이때부터는 반려견과 함께 교감하고 소통을 위해 스킨십과 다양한 산책, 배설욕구를 만족시킬 수 있는 다양한 활동을 함께하면 좋다. 반려견과의 친화력을 도모할 때 가장 중요한 점은 반려견의 위치와 통제, 해야 할 것과 하지 말아야 할 것을 정확하게 교육시켜야 한다는 것이다.

❚ 반려견 친화행동 ❚

CHAPTER

07

반려동물 행동 커뮤니케이션

CHAPTER
07

반려동물 행동 커뮤니케이션

학습목표

- 반려동물 행동 커뮤니케이션과 개념에 대해 학습한다.
- 개와 고양이의 측면에서 커뮤니케이션 차이를 학습한다.

section 7.1　서론

　반려동물 행동 커뮤니케이션과 개념을 이 장에서 살펴본다. 개와 고양이 커뮤니케이션의 측면에서 커뮤니케이션 방법의 패턴을 확인하고 반려동물의 언어에 대하여 이해한다. 반려동물과 올바르게 교감하는 방법에 대해 학습해 본다.

section 7.2　반려동물 행동 커뮤니케이션의 개념

　반려동물 행동 커뮤니케이션에는 한 개 이상의 요소가 포함된다. 즉, 반려견은 위협을 느끼거나 겁이 날 때는 행동을 하기 전에 먼저 신호를 보낸다. 위협하려고 하는 개는 자신의 의도가 오해되지 않도록 시각(몸의 자세나 얼굴의 표정)과 청각(으르렁거리기) 등의 양방향 신호를 상대에게 전달한다. 이는 반려견이 자신의 감정을 표현하기 전에 사전에 먼저 알려주는 행동이다.

　즉, 내용의 혼란을 방지하기 위해서 반대 의미를 가진 신호는 각각 상반되는 음성이나 외관으로 나타낸다. 반려견은 공격적으로 위협할 때에는 자신의 몸을 크게 보이려고 하지만 방어적이거나 두려울 때는 최대한 자기 자신을 작게 보이려 한다. 또, 위협하기 위에 짖는 소리는 낮고 무거운 소리이지만, 두려워서 짖는 소리는 대부분 높은 톤의 소리로 표현된다. 반려견의 몸짓을 이해하는 것은 매우 중요하다. 또한, 반려동물 행동 커뮤니케이션을 위해 청각, 후각, 시각을 사용하는 반려견의 패턴을 공부하여 익히는 것은 모든 반려동물 행동 커뮤니케이션에서 필요한 기초가 된다.

반려동물 행동 커뮤니케이션의 해석을 위해 사람의 감정을 반려견에게 적용하여 해석해 보면 쉽게 이해를 할 수 있다. 반려견의 표정과 사람의 표정을 매칭하여 겁쟁이, 긴장, 불안, 스트레스, 즐거움 등으로 나누어 볼 수 있다. 반려동물이든 사람이든 동종 간에 커뮤니케이션을 하는 방법은 상대방에게 정확한 표현을 하기 위한 방법을 제시하는 것이다. 사람들은 소통을 하기 위해 사람의 언어를 배우고 익힌다. 우리가 반려동물과 교감을 하고 그들과 소통하기 위해서는 반려동물의 언어를 배우고 익혀 그들과 교감을 하는 것이 올바른 것이다.

물기

딱딱거리다

으르릉거리다

(몸이) 뻣뻣해지다

쉬기 위해 눕기

일어서 있다

살금살금 움직인다

떠나 버린다

몸을 돌리고 앉거나, 떠나 버린다

머리를 돌리고 떠난다

눈을 깜빡이고, 코를 핥고, 하품을 한다

반려동물 행동 커뮤니케이션의 분류

후각에 의한 커뮤니케이션

반려견은 배뇨, 배변시에 발생하는 냄새와 피지선에서 발생하는 냄새를 사용하여 상대방에게 신호를 보낸다. 이때, 반려견의 체내에서 풍기는 페르몬 향기는 암컷의 경우 발정기를 나타낼 수 있고 수컷의 경우는 스트레스 상태를 나타낼 수 있다. 반려견은 자신의 영역을 배뇨와 배변으로 구분하여 표시한다. 냄새를 묻히는 마킹은 새로운 장소에 갔을 때나 다른 개와 관련된 활동공간에서 사회적으로 서로의 흔적을 지울 때 빈번하게 사용 된다. 마킹은 암컷과 수컷 모두 진행하지만 일반적으로 수컷이 좀 더 일반적으로 행동한다. 반려견의 후각에 따른 커뮤니케이션 방법의 표현은 배뇨와 배변으로부터 시작되고 있다.

청각에 의한 커뮤니케이션

반려견은 청각을 통해 서로에 대한 언어적인 표현을 하고 있다. 반려견은 커뮤니케이션을 하기 위해 다양한 음색을 사용한다. 즉, 울부짖기(멀리 짖기)는 주로 집단 행동시에 많이 사용하며 으르렁거리는 경우는 경계하거나 사전에 위협을 위해 표현한다. 반려견이 컹컹거리거나 낑낑거리는 경우는 몸에 통증이 있거나 주인과 헤어질 때 그러하다. 청각을 활용한 훈련 방법으로는 클리커 트레이닝을 들 수가 있으며 이 훈련방법은 클리커 소리를 통해 반려견에게 좋은 기억을 만들어주는 훈련방법이다. 청각을 활용한 훈련 방법을 통해 반려견에 다양한 음색과 패턴을 인지할 수 있다.

시각에 의한 커뮤니케이션

반려견은 정직한 표현을 한다. 반려견의 시각적 표현은 몸의 한 부분만으로 예측할 수 없다. 반려견의 마음의 표현은 종합적인 방식으로 확인해야 한다. 즉, 가장 주목하여 봐야 할 것은 귀와 꼬리의 움직임이다. 이를 통해, 표정과 태도, 발생상황에 대해 인지할 수 있으며 시각 동작을 통한 훈련방법을 적용할 수 있다. 반복된 훈련을 통해 시각적인 자세와 패턴을 인지하게 되면 움직임을 통한 반려견과의 커뮤니케이션이 가능하게 된다.

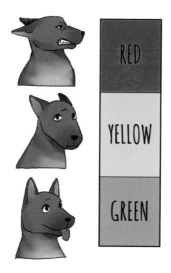

▌ 반려견 커뮤니케이션 반응표 ▌

section 7.4 　개와 고양이와의 커뮤니케이션 차이

반려동물 커뮤니케이션에서 가장 차이가 많이 나타나는 것은 개와 고양이의 커뮤니케이션이다. 일반적으로 개와 고양이는 다르다. 고양이는 화가 날 경우에 귀가 뒤로 접혀지게 된다. 하지만 개는 복종의 의미로 귀를 뒤로 접는다. 이처럼 개와 고양이의 언어는 서로 다르다. 개와 고양이를 함께 기르는 가정의 경우 가끔씩 개와 고양이가 싸우는 광경을 보게 된다. 이때, 느낄 수 있는 점은 고양이의 표정과 개의 표정의 해석에 따라 서로 오해를 불러올 수 있다는 점이다. 고양이에게 정상적으로 정중한 표정은 눈을 크게 뜨고 똑바로 쳐다보는 것이다. 하지만, 개에게는 우위성 위협으로 잘못 해석될 수 있다. 고양이에게는 몸 전체적인 신호로서 꼬리를 높이 치켜 세운 친근한 인사행동이 반려견에게는 우위성과 위협의 신호로서 오해를 일으킬 수 있다. 고양이는 공격을 할 때 꼬리를 낮게 움직인다. 또한 몸 전체적인 신호로 누워 구르는 것 또한 공격 신호 중의 하나이다. 하지만, 개의 경우는 구르기가 복종적인 의미로 해석될 수 있다. 현재 시대는 개와 고양이가 함께 공존하고 있다. 쉽게 생각해 보면 개의 패턴은 2D 환경의 패턴이라고 한다면 고양이의 패턴은 3D 환경의 패턴으로 이해할 수 있다.

다정한 인사	공격적인
방어	무서운
신경쓰다	편안함
공격적인	공포

▌고양이 커뮤니케이션 ▌

CHAPTER

08

반려동물 행동 학습원리

반려동물 행동 학습원리

- 반려동물 행동 학습원리와 개념에 대해 학습한다.
- 반려동물 행동의 순화와 고전적 조건화, 조작적 조건화에 대해 학습한다.
- 반려동물 행동의 처벌에 대해 학습한다.

section 8.1   서론

반려동물 행동 학습원리의 개념을 이 장에서 살펴본다. 반려동물 학습원리의 분류와 행동의 순화에 대해 확인하고 고전적 조건화와 조작적 조건화에 대해 살펴본다. 반려동물 행동의 처벌에 대해 학습한다.

section 8.2   반려동물 행동 학습원리의 개념

반려동물 행동 학습원리는 3가지 측면에서 개념을 이해해야 한다. 첫째는 시각적 인지, 둘째는 청각적 인지, 셋째는 후각적 인지이다. 우리는 반려동물과 교감을 하고 경험을 통한 행동과 패턴의 의미를 인지해야 한다. 항상 반려동물은 신호를 먼저 보내고 상호간의 커뮤니케이션을 진행한다는 사실을 알아야 하며 이것을 통한 반려동물 행동 학습의 원리와 방식을 이해해야 한다.

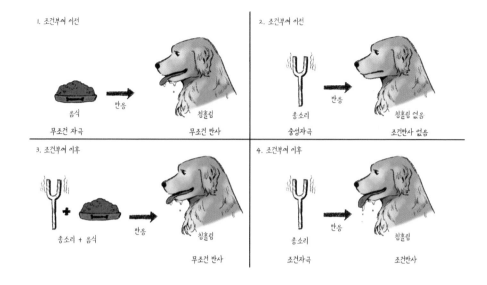

1. 조건부여 이전

음식
무조건 자극
반응
침흘림
무조건 반사

2. 조건부여 이전

총소리
중성자극
반응
침흘림 없음
조건반사 없음

3. 조건부여 이후

총소리 + 음식
반응
침흘림
무조건 반사

4. 조건부여 이후

총소리
조건자극
반응
침흘림
조건반사

반려동물 행동 학습원리의 분류

   반려동물 행동 학습의 원리는 1) 개별화 2) 자발성 3) 동기 4) 사회화 5) 직접경험을 들 수 있다. 첫째는, 반려동물의 개체별 능력에 맞는 맞춤형 계획을 수립하기 위해서는 원하는 목표를 달성하기 위한 전체적인 흐름의 파악이 필요하다. 즉, 현재의 반려동물에 맞는 맞춤형 상태를 파악하고 그에 필요한 원인과 기대효과를 찾는 것이 매우 중요하다. 둘째는, 학습하는 개체가 학습과정에 참여할 수 있도록 수동적인 행동을 능동적으로 바꾸는 능력이다. 계획적이고 짜임새 있는 교육은 반려동물이 능동적으로 움직일 수 있는 힘을 길러준다. 셋째는 동기부여다. 즉, 반려동물 훈련에서 집중력을 유지시키고 효과를 극대화하기 위해서는 반려동물에게 훈련을 할 이유를 주는 것이 중요하다. 그것이 바로 동기부여이며 이 동기부여를 어떻게 할 것인가에 대한 고민을 많이 해야 한다. 좋은 기억과 좋은 보상은 훈련의 강도에 대비하여 훈련하는 태도에 큰 영향을 주고 있다. 넷째는, 반려동물의 사회화 경험이다. 현재 대한민국의 많은 반려동물들은 나홀로족이나 1인 가구의 증가로 인해 홀로 지내고 있는 경우가 많다. 이로 인해 사회성이 부족하며 불리불안이 많이 발생하고 있다. 반려동물 행동 학습에 꼭 필요한 것은 반려동물에 대한 기본적인 사회 경험이다. 다섯째는 반려동물의 직접 경험이다. 반려동물의 학습에서 반려동물에게 가장 중요한 것은 훈련을 가르치는 반려인이나 훈련사들과 교감하면서 체험하는 경험이다. 경험은 어떠한 교육보다 중요하다. 무엇보다 반려동물 행동 학습원리에서 다시 한번 말하지만 가장 기억에 남는 학습을 진행하려면 반려동물에 대해 어떻게 하면 좋은 기억을 만들 수 있는지를 고민해야 한다.

section 8.4 반려동물 행동의 순화

반려동물 순화(醇化)란 반려견을 훈련하여 교육함으로 반려견과 교감한다는 의미를 가진다. 반려동물은 신호와 자극을 통해 다양한 행동과 표현을 하게 된다. 반복된 신호와 일정한 패턴의 소리를 통해 반려동물이 길들여지는 것을 의미한다. 반려동물은 사회 환경의 변화와 주변 환경의 익숙함에 적응하며 길들여진다. 반려견 순화 훈련에는 여러 가지 목적과 이유가 있다. 사회 적응을 위한 정서순화 목적, 가정보호 목적, 공공의 목적 등으로 반려견은 길들여진다. 특히, 반려견이 순화되기 위해 가장 중요한 것은 기본 훈련이다. 우리는 기초 훈련의 필요성과 복종 훈련의 중요성을 고민해야 한다. 반려견의 IQ는 70 정도 된다고 한다. 눈높이를 맞추어 이해시키려는 노력을 하지 않으면 아무리 기초 훈련이라도 반려견은 이해를 할 수 없다.

▌ 반려견 "앉아" 훈련 ▌

반려견의 기초 훈련인 "앉아", "엎드려", "기다려", "가져와" 등의 복종훈련은 초급 훈련에서부터 고급 훈련에 이를 때까지 가장 중요한 연결고리가 된다. 올바른 반려견 훈련은 체계적인 준비와 계획으로 단계적인 교육을 진행해야 하며 반려견이 훈련에 대하여 정확하게 이해를 할 수 있을 때까지 인내를 가지고 반복하며 단계적으로 훈련하는 것이 정말 중요하다. 또한, 반려견의 반응에 대한 패턴이나 움직임은 경우마다 다르므로 훈련에 임하는 사람은 반드시 반려견의 패턴과 규칙을 경험으로 인지하는 것뿐만 아니라 잘 체크하여 이를 활용할 수 있도록 하는 것이 중요하다.

기초 훈련을 마스터하고 고급 훈련으로 이어지게 하려면 철저한 보상과 좋은 기억을 어떻게 만들어 줄 것인지를 잘 고민해야 한다. 반려견 순화 훈련은 끝없는 반복훈련을 통해 반려견과 교감하면서 만들어지는 것이다.

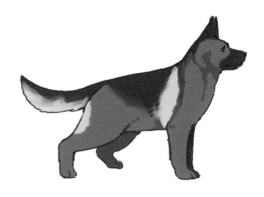

▌반려견 "기다려" 훈련 ▌

section 8.5　반려동물 행동의 고전적 조건화(Classical Conditioning)

반려동물에서 반려견 고전적 조건 형성의 기본 원리를 살펴보자. 첫째는 시간의 원리로, 조건 자극은 무조건 자극이 제시됨과 동시에 조건이 이루어져야 한다. 둘째는 강도의 원리로, 무조건 자극의 강도가 강하면 강할수록 조건 형성이 쉽게 이루어진다. 셋째,

일관성의 원리는 반려견 행동시 동일한 조건 자극에 대해 일관성을 강화시켜 주는 것을 의미한다. 우리가 흔히 알고 있는 연상학습법은 행동하기 전에 생긴 일과 연관을 지어 학습하는 학습법을 의미한다. 예를 들면, 파블로프의 개가 종소리를 듣고 침을 흘린다든지, 착유기 전원소리에 젖소에게서 젖이 나온다든지, 비닐이 바스락거리는 소리에 간식을 주는 줄 알고 달려온다든지, 자동차 소리를 듣고 차를 타기 위해 기다린다든지 등은 반려견이 행동하기 전에 예전에 학습된 기억으로 반복된 것을 연상하기 때문에 발생하는 현상이다. 우리는 역조건화 훈련을 통해 반려견이 가진 나쁜 기억을 좋은 기억으로 바꾸어 줄 수 있다. 파블로프의 조건화를 사용하게 되면 공포와 같은 현상을 제거하는 훈련을 진행할 수 있다. 예를 들어, 항상 차에서 먹이를 주며 좋은 기억을 만들어 준다면 반려견은 차에 가면 좋은 기억이 생긴다는 것을 인지하고 차를 타기 위해 항상 먼저 달려갈 것이다. 또한, 반려견이 모자를 쓴 사람을 무서워하거나 두려워하는 경우가 있다면 모자를 쓴 사람이 먼 곳에서 보고 반려견이 그 사람을 봤을 때 반려인이 먹이를 주면 그 사람은 없어지게 하는 훈련으로 역조건화 형성을 진행할 수 있다. 즉, 모자를 쓴 사람만 나타나면 맛있는 먹이를 먹을 수 있다는 좋은 기억을 만들어 주어 조건화 형성을 하는 것이다.

section 8.6 반려동물 행동의 조작적 조건화(Operant Conditioning)

버러스 프레더릭 스키너(Burrhus Frederic Skinner)는 미국의 심리학자다. '스키너의 상자'로 불리는 조작적 조건화 상자를 만들었으며 이를 바탕으로 급진적 행동주의, 소위 말해 빈서판이라고 불리는, 마음의 존재를 부정하는 과학철학을 만들어 냈다. 행동의 실험적 분석을 목적으로 하는 실험 연구 학과를 창시했으며 심리학에 있어 연관된 변수에 의한 반응률에 대한 연구를 발전시켰다. 또한 그가 주창한 강화이론에 대한 이론을 만들기 위해 행동의 반응률을 측정하는 누적합산기도 만들었다.

강화라는 것은 행동의 빈도증가와 유지를 의미하며, 어떤 행동이 다시 일어날 가능성을 증가시키는 것을 말한다. 예를 들어, 반려견의 이름을 불러 "이리와"라고 명령했을 때 반려견이 가까이 오게 되면 먹이로 동시에 보상해 줌으로써 좋은 기억을 심어주면 된다. 즉, 먹이를 먹는 빈도와 패턴이 유지되면서 불렀을 때 가게 되면 좋은 일이 생긴다는 것을 인지하게 된다. 또한, 이와 반대로 약화는 어떠한 행동이 일어날 가능성을 감소시키는 것을 의미한다. 즉, 반려견에게 이름을 불러서 왔을 때 소리를 지르거나 또는 목줄을 강하게 잡아 당기는 것이다. 이때 반려견은 깜짝 놀라 충격을 받으면서 꼬리를 내리는 신호를 보낼 것이다. 즉, 약화 훈련을 통해 반려견은 이름을 불러도 가까이 다가오지 않게 된다.

반려견 관점에서 정적(Positive)과 부적(Negative) 훈련방법이 있다. 정적(Positive)은 반려견 훈련에서 '더하다(+)'라는 의미처럼 보상 등의 행동을 증가시키는 방법이다. 즉, 반려동물에게 무엇인가 더해져서 행동이 증가하게 되면 정적 강화가 되고 반려동물에게 무엇인가 더해져서 행동이 줄어들면 정적약화가 되는 것이다.

부적(Negative)은 반려견 훈련에서 '빼다(−)'라는 의미처럼 보상 등의 행동을 감소시키는 방법이다. 즉, 무엇인가 제거하게 되면서 행동이 늘어나는 것을 부적 강화라 하며, 무엇인가 제거하게 되면서 행동이 줄어드는 것을 정적약화라고 한다.

스키너의 ABC 패러다임은 여러 가지 선행요인인 부르는 소리, 문 닫는 소리, 아이들 떠드는 소리, 장난감, 먹이, 주인의 행동, 낯선 환경 등 여러 가지 자극에 의해 변하는 반려견의 행동을 의미하며, 결과에 따라 바른 행동 패턴 또는 나쁜 행동 패턴으로 행동에 대한 변화가 오는 것을 의미한다. 스키너의 ABC 패러다임은 개의 행동에 대해 잘 반영하고 있다.

section 8.7 　반려동물 행동의 처벌

반려견 처벌의 가장 중요한 것은 일정한 타이밍이다. 반려견이 문제행동을 일으키게 되면 즉시 혼을 내야 한다. 반려견이 한 행동에 대해 즉시 혼을 내주지 않으면 반려견은 문제행동에 대해 정확하게 인지하지 못하게 된다.

첫 번째로, 반려견의 시선을 피하는 것이다. 반려견의 커밍 시그널을 살펴보게 되면 시선을 피하거나 "나 그거 하고 싶지 않아"라는 표현은 그 행동을 거절하는 의미를 포함한다. 둘째로는, 바디 블로킹을 들 수 있다. 바디 블로킹은 다가오는 반려견을 살짝 툭! 밀치는 것을 의미한다.

우리가 반려견에 대한 교육을 하는 것은 사람들과 함께 사회 구성원으로 살아가기 위해 선택이 아닌 필수적인 내용이다. 우리는 반려견의 행동에 대해서 긍정과 부정을 명확하게 구분해 주고 반려견이 이해할 수 있는 커뮤니케이션을 해야 한다. 최근 많이 이슈가 되는 것은 주택 밀집지역에서 반려견이 짖어 주변 이웃들과 문제가 많이 발생하는 사례가 있다.

이는 이웃과 불화를 만들어 내며 함께 살아가기에 많은 어려움을 갖게 된다. 이 문제를 해결하기 위해 반려견에게 잘못 인지된 현상에 대해서 올바로 교정될 수 있도록 인도하는 것이 보호자의 작은 노력으로부터 시작되는 것이다.

반려견 처벌에서 가장 중요한 것은 동일한 톤의 음성과 동일한 패턴의 행동이다. 반려견 보호자가 반려견에 미치는 영향은 매우 크다. 그러므로 부정을 나타내는 커뮤니케이션 시에는 계속 반복적으로 규제하는 것이 아니라 타이밍을 봐서 정확히 깨달을 수 있도록 시점을 잘 봐야 한다. 그렇지 않고, 톤을 바꾸어 가면서 혼을 내거나 불필요한 액션을 하게 되면 서로 불편한 관계를 형성하게 되고 주인의 교육에 두려움과 거부감을 표출할 수 있다.

CHAPTER

09

반려동물 문제행동
프로세스

CHAPTER

09

반려동물 문제행동 프로세스

학습목표

· 반려동물 문제행동 프로세스의 개념에 대해 학습한다.
· 반려동물 문제행동 프로세스의 분류와 상세 내용에 대해 학습한다.
· 반려동물 문제행동 사후관리 프로세스에 대해 학습한다.

---

section 9.1　서론

이 장에서는 반려동물 문제행동 프로세스의 개념에 대해 살펴본다. 현재 반려동물 문제행동 프로세스에 대한 분류와 상세 내용에 대해 살펴본다. 또한, 문제행동 교정 후에 사후관리 프로세스가 어떻게 이루어지고 있는지를 살펴보고자 한다.

---

section 9.2　반려동물 문제행동 프로세스의 개념

반려견 문제행동은 인간과의 관계가 가장 중요한 문제임을 확인할 수 있다. 현재 대한민국에서 반려견에 대한 교육을 듣고 준비하여 반려견을 키우는 사람들은 그렇게 많지 않다. 반려견의 문제에 대해 제대로 된 원인을 찾기 위해서는 다양한 패턴과 성향에 대한 이해를 해야 한다. 즉, 반려견에 대한 한 가지 문제를 나타내지 않는 개가 있을 때 실제로 반려견 문제행동을 찾으려면 많은 어려움을 경험하게 될 것이다. 대부분의 경우 우리는 보호자와 그 문제를 함께 인식할 때 어디서부터 어떤 타이밍에 반려견 훈련이 잘못되어 반려견 행동문제가 발생했는지 알 수 있을 것이다.

반려동물 문제행동 프로세스라는 것은 문제행동 발생시에 다양한 패턴과 일정한 방식으로 표현되는 현상에 대해 진단하고 원인을 찾는 프로세스를 의미한다.

section 9.3 반려동물 문제행동을 경험한 소비자의 실수 패턴

반려견을 키우는 우리들은 반려견과 함께 살아가는 공간이 서로 함께 공존하는 데 있어 사람 중심으로 환경이 만들어지기 때문에 반려견의 삶의 환경에서는 서로 호환이 되지 않을 수 있다. 그러나 이 문제행동에 대해서는 반려동물 행동학적으로 문제의 원인과 조치방안을 도출하지 않으면 정확한 문제행동 해결법을 도출할 수 없는 문제점이 있다.

또한, 우리는 반려견에 대해 무책임한 번식을 통해 번식하지 말아야 할 반려견 문제행동을 가진 아이들까지 번식시켜 현재 많은 반려견들이 분리불안과 두려움 같은 문제를 일으키는 상황이 초래되고 있다. 반려견을 키우기 위해 펫샵을 방문하고 좋은 반려견을 확인할 수 있는 방법은 최소한의 기본 소양에 관련된 지식을 습득하는 방법뿐이다.

이것은 수영을 하는 방법을 알기 전에 수영을 할 수 없는 것과 같다. 또한, 운전하는 방법을 배우기 전에는 절대 운전을 할 수 없는 것과도 같다. 우리 반려견과 함께하는 삶

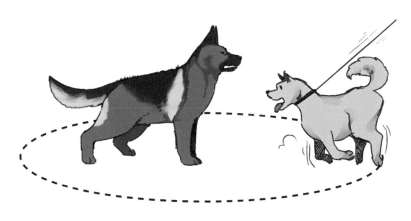

┃ 반려견에 대한 이해를 통한 훈련의 필요성 ┃

에서 반려견에 대해 알지 못하는 상태에서 반려견을 집으로 데려오는 것은 정상적인 삶으로 이어질 수 없는 문제점을 가지고 있는 것이다. 보호자들이 가장 큰 실수를 하는 것은 아무런 준비 없이 반려견을 통한 모험을 학습함으로써 문제행동에 대한 대처를 하지 못하는 일이 발생하고 있는 것이다.

section 9.4   반려동물 문제행동 프로세스

많은 반려견 전문가들이 개 행동 문제를 해결하기 위한 방법을 모색하고 있다. 반려견 문제행동 프로세스는 근본적인 원인에 대한 명확한 분석을 위해 각기 다른 상황에서 도출되는 근본원인을 찾을 수 있어야 한다. 이를 위해서는 반려견 전문가의 경험을 통한 오랜 경력과 노하우를 통한 접근 방식이 필요하다. 반려견은 성인견이든 강아지든 관계 없이 다양한 패턴의 문제행동을 가지고 있다.

즉, 반려견이 생후 해를 거듭하게 되면서 발생하게 되는 문제행동의 패턴은 계속 변화하고 있다. 하지만, 이를 정확하게 이해하고 초기 평가 및 교육 세션을 통해 보호자가 문제점을 인지한 후 개선을 하게 된다면 우리는 반려동물과 함께 행복한 삶을 실현할 수 있는 것이다. 문제행동 훈련은 공격, 분리불안, 짖음, 씹기, 파기, 점핑, 공포증, 과다활동, 사회화 등의 문제를 가지고 있다.

특히, 가장 많은 관심을 가지는 것은 분리불안이며 분리불안의 경우는 첫 번째 제일 먼저해야 하는 것이 반려견에 대한 수의사의 의학적 점검이며 이를 통해 종종 약물 치료로 해결되는 경우도 있다. 흔히, 가정에서 보호자들이 오해하는 행동 중의 하나는 반려견이 혼자 남거나 집에 사람이 없을 때 주인이 그리워서 불안감에 빠지는 현상을 보게 되면 어떤 문제일까에 대한 오해를 하게 된다. 우리는 일상에서 이런 문제점들을 가진 반려견들의 패턴을 관심을 가지고 확인하고 개선해 나가야 한다. 반려견은 본능을 가진 동물이다. 주어진 삶의 환경에 맞는 행동의 근본적인 원인을 이해하고 해결하기 위해서는 문제에 대한 정의와 패턴에 대하여 정확히 이해함으로써 반려견이 분리불안을 극복할 수 있도록 솔루션을 제공할 수 있게 되는 것이다.

반려견 문제행동에서 나쁜 개가 제멋대로 하는 행동으로는 짖거나 배설하는 행동을 들 수 있고 불러도 오지 않거나 집안을 어지럽히는 행위를 들 수 있다. 가장 보호자들이 이해하지 못하는 것은 반려견은 개로써 이해해야 하나 개를 사람으로 의인화하려고 하기 때문이다. 즉, 반려견이 태어나 함께 살아가면서부터는 희노애락을 경험하며 많은 문제들이 발생하기 시작한다.

하지만, 기억해야 하는 것은 문제아로 태어난 반려견이 없듯이 문제행동을 가진 채 성장하는 반려견도 없다는 사실이다. 중요한 것은 아이를 키우는 부모가 지식이 있는 상황에서 아이를 키우는 것과 아무것도 모르는 무지함 속에서 아이를 대하고 성장해 나가는 것은 엄청난 차이를 보인다는 사실이다.

반려견 문제행동이란 보호자가 용인할 수 없거나 동물 자신에게 해로운 행동을 의미한다. 문제행동은 정상행동, 문제행동, 이상행동으로 구분된다. 현재의 시대에서는 우리가 살아가는 환경이 각각 다르다. 도심 속의 아파트일 수도 있고 시골의 단독주택 환경일 수도 있다. 이때, 주택이 밀집되어 있지 않은 환경에서 짖음은 문제행동이 되지 않는다. 하지만, 주택이 밀집된 지역에서 잦은 짖음은 문제행동으로 분류될 수 있다.

반려견 짖기에 대한 예를 들면, 반려견은 누군가에게 주목을 받고 싶은 마음에 주인에게 누군가 와 있다는 사실을 알려주려고 짖는다. 무언가 할 일이 없어서 심심하거나 외로워서 짖는 것은 아니다. 후각적 판단으로 무언가를 감지한 후 소리를 통해 불안한 마음을 상쇄하기 위한 수단으로 선제 공격이나 방어적인 공격을 선택하는 것이다. 우리는 사람의 관점이 아닌 반려견의 관점에서 문제행동의 프로세스에 대한 고민을 해야 한다.

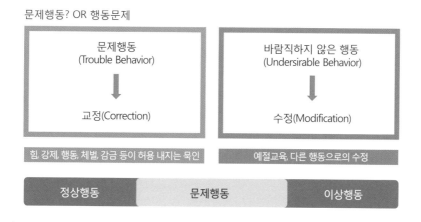

문제행동? OR 행동문제

문제행동 (Trouble Behavior)	바람직하지 않은 행동 (Undersirable Behavior)
↓	↓
교정(Correction)	수정(Modification)
힘, 강제, 행동, 체벌, 감금 등이 허용 내지는 묵인	예절교육, 다른 행동으로의 수정

정상행동	문제행동	이상행동

반려동물 문제행동 관점의 차이

지배적(Boss) 관점	지도적(Leader)적 관점
개는 절대 복종해야 한다고 생각(상하 주종관계) 주체성을 존중하지 않고 마음대로 다루려고 함	좋은 관계를 형성하여 자발적 추종관계를 유지(신뢰관계) 주체성을 인정하고 감정적 변화를 꾀한다.
자신의 즐거움과 편리 위주로 생각한다.	상대의 삶과 정서를 고려한다.
강압적인 명령을 내린다.	소통을 위한 신호를 보낸다.
못하게 하는 방법을 모색한다.	무엇을 해야 하는지를 가르친다.

문제행동의 원인? ➡ 개를 대하는 태도

　반려견에 대한 문제행동 관점의 두 가지는 지배적(BOSS) 관점과 지도적(Leader)적 관점을 들 수 있다. 수직적 관계와 수평적인 관계 중에서 어떤 관계로 이끌어 가야 할 것인지는 반려인들의 몫으로 남아 있다. 반려견과의 커뮤니케이션은 문제행동을 해결하는 것에 가장 중요한 열쇠가 된다. 우리는 모든 문제를 접하고 해결하는 데에 있어 가장 중요한 것이 보호자의 태도와 지식임을 잊지 말아야 한다. 반려인은 보호자로서 최소한 가져야 할 기본 소양을 갖추어야 한다. 그것이 모든 문제 해결을 위한 시작인 것이다.

　반려견 행동문제를 관리하기 위해 우리는 4가지를 항상 고려해야 한다. 첫째, 문제(패턴과 주기), 둘째, 반려견 품종에 대한 이해, 셋째, 보호자에 대한 지식 수준, 넷째, 주변 환경을 고려해야 한다. 반려견을 키우는 보호자들이 올바르게 키울 수 있도록 행동문제를 예방하고 변화시키기 위해서는 위의 고려사항에 대해서 잘 체크하고 준비해야 한다.

CHAPTER

10

반려견 행동교정 핵심개념

CHAPTER

10 반려견 행동교정 핵심개념

학습목표

- 반려동물 행동교정 핵심 개념에 대해 학습한다.
- 반려동물 행동교정 긍정강화, 일차성 강화자, 이차성 강화자 내용에 대해 학습한다.
- 반려동물 행동교정 타이밍과 강화 기준과 비율, 행동 유발방법에 대해 학습한다.

---

section 10.1 **서론**

반려동물 긍정강화에 대한 개념에 대해 이 장에서 살펴본다. 현재 반려인 훈련관점에서 반려견 일차성 강화자, 이차성 강화자의 이해는 매우 중요하다.

반려견, 타이밍과 반려견 강화기준에 대해서 전문가 관점으로 살펴본다. 이 장에서 반려동물 행동교정의 타이밍과 강화기준을 통해 반려견과 함께 행복한 미래를 꿈꿀 수 있도록 살펴보고자 한다.

---

section 10.2 **반려견 긍정강화**

반려견에 대한 긍정강화란 환경에 자극을 추가하면서 미래에 일어날 행동을 증가시키는 것을 의미한다. 긍정처벌은 환경에 자극을 추가하면서 미래에 일어날 행동을 감소시키는 것을 의미한다. 또한, 부정강화란 환경에 자극을 제거하면서 미래에 일어날 행동을 증가시키는 것을 의미한다. 부정처벌은 환경에 자극을 제거하면서 미래에 일어날 행동을 감소시키는 것을 의미한다.

현재의 반려견 교육의 트렌드는 긍정강화 교육의 방향성으로 가고 있으며, 훈련사나 트레이너의 강압적인 훈련방법이 아닌 반려견과 커뮤니케이션을 통해 이 훈련을 왜 해야 하는지 무엇 때문에 해야 하는지를 이해시키는 훈련방법으로 나아가고 있다.

section 10.3 반려견 일차성 강화자, 이차성 강화자

반려견에게 원래부터 가치가 있는 강화물을 일차성 강화자라고 볼 수 있다. 즉, 음식, 휴식장소, 자안감, 산책, 사회적인 보상, 기타 개가 좋아하는 모든 것이 일차성 강화자인 것이다. 데이비드 프리맥의 원리에 따르면 반려견의 행동 중에 발생률이 높은 것을 발생률이 낮은 것에 대한 보상으로 사용하면 발생률이 보다 빈번하게 강화될 수 있다는 원리이다. 여기서 발생률이 높은 것은 반려견이 좋아하는 것이나 간식 등을 의미하며 발생률이 낮은 것은 반려견이 좋아하지 않는 것이나 얌전히 앉기 등을 의미한다.

이차성 강화자는 조건성강화자(Conditioned.Reinforcement), 약속(Promise), 다리(Bridge), 마커(Marker)라 부른다. 반려견의 행동을 보상할 만한 것에 대해 자격을 부여하고 미래에 보상이 주어질 것이라는 점을 반려견에게 약속하는 것으로 보통 이를 이차성 강화자라 한다.

이차성 강화자가 강화자로서의 역할을 하려면 반드시 일차성 강화자와 연결이 되어야 한다. 또한, 이차성 강화자는 개와 가까이할 수 없는 환경이나 멋진 연속 동작 등을 가르칠 때 매우 유용하게 사용될 수 있다. 이차성 강화자의 예로는 GOOD, Yes, 클리커 소리 등을 들 수 있다.

section 10.4 반려견 타이밍

반려견이 자발적인 조건 부여와 원리를 효율적으로 실행하기 위해서는 많은 연습이 필요하다. 반려견에게 강화 또는 벌은 특정 행동을 보인 즉시 행동을 보여야 한다. 1초

이내이거나 다음 행동으로 발생하기 이전에 진행하는 것이 좋다. 반려동물은 강화되는 행동을 배우는 것이다. 우리가 강화했다고 생각하며 강화하고 싶은 행동을 배우는 것이 아니라는 점을 꼭 숙지해야 한다. 즉, 반려견의 관점에서 바라봐야 한다.

반려견 문제행동 교정은 타이밍이 중요하다. 타이밍을 잘 활용하여 좋은 기억을 어떻게 만들어 줄 수 있느냐에 따라 행복한 삶을 살아가는 반려인이 될 수도 있고 힘든 삶을 살아가는 반려인이 될 수도 있는 것이다.

반려견의 성공적인 훈련을 위해서는 보호자가 자신이 원하는 행동에 대한 명확한 기준을 수립해야 한다. 또한, 정확하고 일정한 톤과 명확하고 일관성 있는 준비성이 있어야 한다. 우리는 반려견을 잘 키우기 위한 밑그림을 그린다. 그리고 그 기준을 타인에게 설명했을 때, 공감하고 이해하는 것처럼 반려견에게도 행동에 대해 정확하게 이해시키고 그 행동에 반응을 보였을 때 즉시 칭찬해 주면서 보상을 해주는 것이 중요하다.

section 10.5 | 반려견 강화의 기준과 비율

반려견 강화 비율에는 연속 비율과 변동 비율로 나뉜다. 반려견과 말은 목줄이나 고삐를 사용하여 훈련을 통해 통제할 수 있는 수단으로 사용된다. 기본적으로 순간적인 타이밍에 집중을 할 수 있도록 유도해야 하므로 반려동물과의 커뮤니케이션은 연속 비율과 변동 비율을 어떻게 사용하느냐가 중요한 포인트가 될 수 있다.

반려동물에게 처음 행동을 가르칠 때는 그 행동을 연속비율로 강화해 주어야 한다. 즉 올바른 행동의 패턴을 반복하면서 이해하는 수준이 높아지는 시점까지 최대한 행동을 강화해야 한다. 타이밍을 봐서 잘 이해하거나 올바른 행동을 했을 때는 보상과 칭찬으로 좋은 기억을 심어주는 것이 중요하다.

반려동물이 빠르게 성공할 수 있는 수행을 하기 위해서는 충분히 쉽게 이해할 수 있는 행동으로 단계적인 훈련이 필요하다. 훈련은 주어진 상황에 따라 다르게 진행된다. 반려동물을 훈련하면서 동물의 특성을 이해하고 바라봐야 한다. 사람과 다르게 동물은 동물 특유의 집중력이 짧은 것처럼 느껴질 것이다. 항상 계획을 세우고 단계적으로 차근차근 진행하면서 기대치를 낮추고 칭찬과 보상횟수를 늘리는 것이 중요하다.

반면, 강화비율 측면에서 바라보면 반려동물에게 가르치는 행동을 유지하려고 할 때 우리는 반드시 변동비율로 바꾸어야 한다. 쉽게 이야기해서 반려동물이 80% 이상 올바른 행동을 익히게 된다면 이 타이밍에서 강화에 대한 변동비율로 기대치와 기준을 높여 해당 행동을 완전히 몸에 익힐 수 있도록 훈련해야 한다.

강화에 대한 변동비율은 반려동물이 행동에 대한 보상을 얻을 수 있는 시점을 모르게 되는 것과 같다. 하지만, 잭팟이 터지는 보상의 원리처럼 잭팟이 터지기만을 바라는 마음으로 훈련에 집중해서 임하게 된다. 이 원리는 모든 훈련의 기본적인 초석이 되고 있다.

▮ 체계적인 행동교정을 위한 일관성과 규칙(패턴) ▮

CHAPTER

11

반려견 사회화 훈련

반려견 사회화 훈련

학습목표

- 반려견 사회화 훈련 정의와 분류에 대한 학습을 한다.
- 반려견 사회화 훈련과 타이밍, TIP, 훈련 시기와 훈련방법에 대해 학습한다.

section 11.1 서론

반려견 사회화에서 사전적 정의로만 살펴보게 되면 사회화란 말은 사회적 상호작용을 통하여 그 사회의 문화를 배우고, 내면화하는 과정이라고 나와 있는 것을 알 수 있다. 즉, 반려견 사회화는 사람들과 함께 살아가는 환경 속에서 반려견과 사람이 함께 서로에게 익숙해지는 것이 바로 사회화 교육인 것이다. 최소한의 기본소양을 겸비한 반려인이 반려견과 함께 동행할 수 있도록 올바른 길잡이를 해 줄 수 있어야 반려견 사회화는 진행이 될 수 있는 것이다.

우리가 알고 있는 친화력이 높은 반려견은 현재 분리불안이나 사회성 부족으로 많은 문제를 발생시키고 있다. 3차 산업혁명 이후에 환경이 점점 도시화됨에 따라 반려견이 살아가는 사회는 점점 사회성이 부족할 수밖에 없는 별도의 환경으로 구분되어 가고 있다. 이에, 반려견 사회화의 중요성이 대두되고 있는 시점이다.

반려견 사회화 훈련 기본개념

．

첫째, 반려견 시행 착오를 통해 학습한다. 반려견은 특정 행동에 대해 보상을 받으면 행동을 지속하려는 심리가 있다. 우리가 이야기하고 있는 좋은 기억은 모든 행동의 원동력이 되고 있다. 반려견 훈련에서 칭찬과 통제는 반드시 구분해야 하며 이해할 수 없는 부정적인 반응을 주게 되면 반려견은 다시는 그 행동을 하지 않으려 할 것이다. 이 모든 것이 반려견 훈련의 기본적인 개념이다.

둘째, 반려견은 반복을 통해 학습한다. 반려견에게 몇 번의 보상과 칭찬으로 훈련될 수 있다는 생각은 버려야 한다. 반려견의 평균 IQ는 70 정도 수준으로 이 아이들을 훈련할 때는 이해할 수 있을 때까지 눈높이를 맞추고 꾸준하게 학습시켜야 한다. 즉, "기다려"를 가르칠 때 하루에 3번 이상 '기다려'를 시키고 간식으로 보상과 칭찬을 준다. 그리고 이 행동과 패턴이 익숙해지게 되면 1주일 이상 후에는 간식이라는 보상이 없이도 자연스럽게 '기다려'를 할 수 있게 된다.

셋째, 반려견은 인내심을 갖고 훈련을 시켜야 한다. 반려견을 인내심을 갖고 훈련시켜야 하는 이유는 기본적으로 사람과 반려동물의 수준과 이해도가 다르기 때문이다. 즉, 많은 시행착오와 반복을 하여도 훈련이 실패하는 경우처럼 느껴지지만 인내심을 갖고 절도 있고 일정한 패턴으로 반복을 수행하게 되면 올바른 훈련으로 인도할 수도 있다. 반려견에 대해 인내와 끈기를 갖고 학습시켜야 하는 이유는 근본적으로 사람과 동물은 다르기 때문이다. 즉, 반려견을 사랑하는 마음으로 교감하며 좋은 기억을 만든다는 생각으로 꾸준히 노력해야 한다.

반려견 사회화 훈련과 타이밍

반려견의 행동에 대한 칭찬과 보상은 타이밍이 중요하다. 예를 들어 반려견이 배변 실수를 했다. 실수 후에 아무런 조치도 하지 않고 한참 지난 후에 화를 내면 불쾌하다는 반응을 보인다. 이때, 반려견은 무엇을 잘했는지, 무엇을 잘못했는지 인지하지 못하는 상태가 된다.

사람들은 자신의 IQ와 시선에서 반려견을 대하려고 한다. 하지만, 반려견과 눈높이를 맞추지 않으면 절대 아무리 훌륭한 내용의 훈련도 인지할 수 없는 상태가 되고 만다. 즉, 일정한 목소리톤과 패턴이 중요한 이유는 모든 훈련의 기본이 되는 것이다.

section 11.4 반려견 사회화 TIP

첫째, 반려견 훈련에 있어서 기초 훈련은 '앉아', '기다려'와 같은 훈련은 어린 아이가 말을 처음 배우는 것과 같다. 천천히 단계적으로 진행해야 한다.

둘째, 반려견 훈련은 훈련시간이 지속되는 것보다 좋은 기억을 함께 만들고 소통하며 교감하는 훈련이 되어야 한다.

셋째, 반려견 훈련은 원하는 방향으로 훈련이 잘 이끌어지게 되면 좋아하는 간식이나 장난감으로 좋은 기억을 만들어 주는 것이 중요하다.

넷째, 반려견 훈련에서 체벌이나 강압적인 훈련은 배제해야 한다. 반려견은 사람의 단호한 언어와 패턴, 표정, 손짓 등으로 반복하고 꾸준히 학습하다 보면 함께 교감할 수 있다.

section 11.5 반려견 사회화 훈련의 시기 및 훈련방법

최근 대한민국의 발전에 따라 주택이 밀집화되고 도시화되면서 주인과 떨어져 홀로 집에 있는 반려견들이 급속도로 증가하는 추세에 있다. 이에 사람에게 두려움을 느끼는 반려견들이 많이 생겨나고 있다. 반려견 재사회화 훈련은 주인에게나 강아지에게 매우 중요한 필수적인 훈련 방법이다. 반려견 사회화 훈련은 쉽게 이야기해서 사회 구성원들과 주변 환경들을 익히면서 주변 사물이나 사람에 대한 적응력을 높이는 것에 있다. 또한, 좋은 기억을 심어주면서 두려움을 최소화하는 목적이 있는 것이다. 두려움이 많은 반려견은 사람이나 타인의 반려견을 물거나 방어적인 태도로 대응할 수도 있다. 즉, 사회화 훈련이 되지 않으면 굉장히 위험한 상황을 초래할 수 있는 것이다. 반려견 사회화 훈련을 통해 사람들이 유치원, 학교, 교회에서 사람들을 만나고 소통하는 것처럼 천천히 사회구조와 환경을 익힐 필요가 있는 것이다.

사회화 훈련(16주 Before)

반려견은 강아지 시절인 4주에서 5주사이에 함께 자라는 형제 강아지들의 행동을 모방하고 서로 물고 짖으며 사회화를 익히게 된다. 이때, 반려견들은 서로 어미개와 자견들이 함께 스킨십을 나누면서 사회에 적응을 하게 된다. 반려인은 이때 강아지와 스킨십을 반복적으로 나누어 사람에 대한 거부반응이 없이 좋은 기억을 가지도록 해 주는 것이 필요하다. 단계적인 적응에서 강아지 시절 때부터 사람과의 교감이 필요한 이유는 생후 8주 정도가 되면 반려견은 싫어하는 자극에 반응을 보이고 두렵거나 공포스러운 표현을 행동으로 나타내기 때문이다. 이때, 타인의 반려견과 마주치게 되거나 차량에 탑승하거나 낯선 사물을 접하게 되면서 두려움과 공포를 느끼지 않도록 좋은 기억을 만들어주는 것이 반드시 필요하다.

반려견은 생후 9주에서 16주 정도에 반려견 서열을 확립하여 동물의 본성인 위계질서를 만들게 된다. 즉, 반려견 사이에서도 서열에 대한 순위가 형성되면 이때 사람과 반려견이 좋은 관계를 가질 수 있도록 교감하며 커뮤니케이션하는 것은 정말 중요하다.

사회화 훈련(16주 After)

우리 반려견 사회화 훈련에서 생후 16주가 넘은 반려견에 대해 지속적인 유대관계 형성은 매우 중요하다. 16주를 지나는 시점에서 이전까지의 반려견 사회화 훈련이 잘되어졌다고 생각하더라도 주변 환경이 바뀌거나 사람이나 사물이 바뀌게 되면 적응력이 감소하고 두려운 반응을 보일 수 있다. 반려견 사회화 훈련은 평균 생후 1년이 될 때까지 반려견의 눈높이에 맞춘 훈련을 지속해야 한다. 함께 살아가는 사회에서 복잡한 도시 환경이나 사람이 많은 장소에 대한 경험을 해 주는 것이 좋다. 강아지 때부터 여러 가지 상황에 익숙하도록 훈련시키면 반려견은 두려움과 불안한 마음이 최대한 감소하게 된다. 새로운 환경으로 바뀌는 상황에서도 이전의 좋은 기억들이 결국 적응력을 높이는 결과로 나타난다. 반려견 사회화의 가장 중요한 훈련방법의 기초는 결국 좋은 기억을 만드는 방법인 것이다. 반려견에 대한 적절한 칭찬과 보상은 반드시 필요하며 이를 통해 훌륭한 반려견은 탄생할 수 있는 것이다.

▎사회화 훈련을 위한 타인의 개 적응도 및 산책 적응도 ▎

타인의 개 적응도	산책 적응도	산책시 주의사항
• 우리가 일상 생활에서 만나는 타인의 개와 친숙해질 수 있는 적응도를 높여야 한다. • 주변 반려인들과 산책시에 인사와 친교를 통해 익숙해짐이 필요하다.	• 반려견에게 산책시 주변 사람들을 만나 친화능력을 키워주는 것이 중요하다. 낯을 가리지 않도록 주변 반려인들과도 교감을 나누어야 한다.	• 사회화 훈련의 가장 기초는 새로운 환경을 경험하면서 즐거운 기억을 갖게 하는 것이다.

▎반려견 산책을 통한 사회화 훈련 ▎

┃ 반려견 사회화 체크리스트 ┃

- **사람(대인)**
  남성(최저 5인) □□□□□
  여성(최저 5인) □□□□□
  수염이 난 남성 □
  안경을 쓴 사람 □
  모자를 쓴 사람 □
  지팡이를 든 사람 □
  우산을 든 사람 □

- **어린이**
  여자 어린이(최저 3인) □□□
  남자 어린이(최저 3인) □□□
  5세 미만의 유아 □
  5세 이상 10세 미만의 어린이 □
  10세 이상 15세 미만의 청소년 □

- **다른 개(한마리라도)**
  대형 및 소형 성견 □
  검정색 및 다갈색 성견 □
  노란색 및 흰색 성견 □
  다른 자견 □

- **다른 동물**
  고양이 □
  닭 □
  소 □
  양 □

- **환경 경험**
  유모차 · 쇼핑카 □
  전차 □
  잔디 · 들판 □
  사람이 통행하는 곳(상점가 등) □

  보도 □
  낯선 집 · 정원 □
  슈퍼마켓 □
  (자견을 절대 혼자 두어서는 안 된다. 옆에 있을 것)

- **탈 것**
  자동차(최저8회) □□□□□□□□
  버스 □
  지하철 □

- **집안(보게하다 · 듣게하다)**
  세탁기 · 탈수기 □
  청소기 □
  전화기 □
  사이좋게 이야기하기 □
  술 취한 사람(연극도 무방) □
  손님(올 때 · 갈 때) □

- **생활 트레이닝(매일)**
  어떤 방에서도 조용하다 □
  앉기 – 아침식사 전 □
  점심식사 전 □
  저녁식사 전 □
  리드를 매기 전 □
  놀고 있을 때 □
  안고 있을 때 □
  다른 사람이나 손님에게 인사할 때 □
  시중을 들 때 가만히 있는다 □
  그루밍 중에 가만히 있는다 □
  안 되는 것은 만지지 않는다 □
  안 되는 것에 접근하지 않는다 □
  안 된다고 하면 놓는다 □

위의 반려견 사회화 체크리스트를 통해 우리는 얼마나 다양한 경험을 반려견에게 해줄 수 있는지를 고민해야 한다. 반려견 사회화 체크리스트를 체크하면서 우리 반려견이 사회화 훈련 속에서 잘 적응할 수 있도록 다양한 환경의 경험을 유도해야 한다. 우리는 사람의 입장이 아닌 반려견이 어떻게 사회화할 수 있는지 체계적으로 계획하고 단계적으로 진행을 해야 반려견과 함께 공존하는 아름다운 세상을 꿈꿀 수 있을 것이다.

CHAPTER

12

반려견 행동학 훈련을
위한 필수 훈련

반려견 행동학 훈련을 위한 필수 훈련

학습목표

- 반려견 행동학 필수 훈련과 분류에 대하여 학습한다.
- 반려견 필수 훈련인 이리와, 앉아, 엎드려, 따라걷기와 목줄 훈련을 학습한다.

section 12.1 　서론

　반려견 행동학 필수 훈련은 모든 반려견들이 함께 공존함에 있어 꼭 필요한 훈련을 의미한다. 즉, 평생 희노애락을 함께할 반려인이 반려견을 만나 함께 살아가기 위해 반드시 기본적으로 알아야 할 기본적인 소양을 의미한다. 우리는 반려인이나 비반려인이 함께 살아가는 세상에 살아가고 있다. 이 사회에서 행복하게 삶을 영위할 수 있도록 최소한의 기본적인 소양이 되는 훈련은 반드시 인지하고 숙지해야 한다. 기본 복종 훈련이 되면 기본적으로 어떠한 장소에 가더라도 반려견과 교감하며 통제를 할 수 있는 장점이 생기는 것이다. 함께 산책하며 사랑스러운 반려견을 만들어 가는 노력이 필요하다.

반려견 필수 훈련(이리와)

　반려견과 교감할 수 있는 조용한 장소를 선정하여 반려견과 일정한 거리를 두고 간식을 통해 시선을 집중시킴과 동시에 "이리와"라고 부른다. 반려견이 간식을 보며 달려오면 즉시 "Good, 좋아, 잘했어"등의 언어와 함께 칭찬하여 스킨십을 하면서 간식을 주는 것이 좋다. 이때, 반려견은 "이리와" 소리에 반응을 하여 달려가게 되면 좋은 일이 생긴다고 인지하게 된다.

❙ 반려견 이리와 훈련 ❙

section 12.3 **반려견 필수 훈련(앉아)**

　반려견에게 허리를 숙이며 시선을 맞추면서 "앉아"하고 명령한 후 줄을 위로 살짝 잡아당기거나, 무릎을 꿇고 오른손에 줄을 쥐고 왼손으로 반려견의 엉덩이 부분을 살짝 누르면서 "앉아"라고 명령한다. 이 행동을 반복하게 되면 반려견은 자연스럽게 "앉아"

명령 이후 앉게 되면 간식을 통한 보상이 뒤따라온다고 인지하므로 보상은 즉시 실시해야 한다.

▌ 반려견 앉아 훈련 ▌

section 12.4 반려견 필수 훈련(엎드려)

반려견에게 "앉아" 자세를 하도록 명한다. 이때, 왼손으로 줄을 짧게 쥔 상태에서 오른손을 아래로 내리면서 "엎드려"라고 전달한다. 이와 동시에 왼손은 줄을 앞으로 살짝 당기게 된다. 반려견이 앞으로 엎드리게 되면 간식을 주고 칭찬해 준다. 또한, 반려견의 앞쪽에서 왼쪽 다리를 펴고 쪼그려 앉은 자세에서 반려견이 아래 방향으로 간식을 먹을 수 있도록 유도하면서 "엎드려"라고 명령한다. 이때, 반려견은 간식을 먹기 위해 엎드리게 되고 이렇게 간식을 활용한 방법으로 강압적으로 하지 않아도 반려견은 "엎드려"라는 동작을 익힐 수 있게 된다.

∥ 반려견 엎드려 훈련 ∥

반려견 필수 훈련(따라걷기와 목줄 훈련)

　반려견과 따라걷고 목줄 훈련을 하기 위해서 가장 필요한 것은 U자 형태로 줄을 잡는 것이다. 줄을 잡을 때, U자 형으로 잡았다가 마치 말을 타고 달릴 때 줄로 신호를 보내는 것처럼 중요한 포인트에서 줄을 당기면서 반려견을 통제할 수 있어야 한다. 강압적으로 줄을 당기는 것이 아니라 일정하게 줄을 통한 신호를 보내는 방법을 숙지하여 훈련해야 한다. 산책시에 반려견이 여러 사물이나 환경에 관심을 보이면 따라걷기 훈련이 힘들 수 있다. 산책을 나가게 되면 반려견이 충분히 환경에 적응할 수 있도록 배변도 보게 해 주고 워킹을 하면 환경에 반응할 수 있는 충분한 시간을 주어야 한다. 목줄을 어떻게 사용하느냐에 따라 정말 좋은 신호가 될 수도 있고 반려견에게 나쁜 기억을 심어 주게 될 수도 있다. 반려견을 위해 한 손으로 목줄을 잡고 다른 손으로는 반려견의 시선을 유도하거나 간식을 통한 보상으로 집중시키는 것도 매우 중요하다. 이를 통해 목줄을 하고 산책을 반복적으로 수행하다 보면 자연스럽게 기본 복종 훈련이 되는 것이다.

많은 사람들이 함께 살아가는 사회에서 사람이 많은 곳에서 따라걷는 훈련과 목줄을 하는 에티켓은 반드시 필요하다.

❚ 반려견 따라걷기와 목줄 훈련 ❚

CHAPTER

13

반려견 기질 테스트

CHAPTER
13

반려견 기질 테스트

학습목표

· 반려견 사교성 검증 테스트에 대해 학습한다.
· 반려견 복종 반응 테스트와 훈련 소질 반응에 대해 학습한다.
· 반려견 소음 반응 테스트와 수렵 본능에 대해 학습한다.

section 13.1 서론

반려견에 대한 기질을 테스트하는 방법을 이 장에서 살펴본다. 반려견의 기질은 행동학적으로나 훈련을 시키는 것에 있어서 매우 중요한 부분을 차지하고 있다. 반려견 기질을 확인하는 방법은 크게 5가지로 확인할 수 있다. 이 장에서는 반려견 사교성 검증 테스트, 반려견 복종 반응 테스트, 반려견 훈련 소질 반응 테스트, 반려견 소음 반응 테스트, 반려견 수렵 본능 테스트에 대해서 살펴보고자 한다.

section 13.2 반려견 사교성 검증 테스트

반려견을 방에서 테스트할 경우 방의 한가운데를 택하여 그 공간에 강아지를 앉게 한다. 보호자는 걸어가며 강아지 앞에 앉아 강아지에게 말을 걸지만 몸은 움직이지 않는다. 이때, 강아지가 보호자를 보고 즐거워하며 반응하는 정도를 판단하여 사교성을 검증한다.

▍ 반려견 사교성 ▍

- 우수(★★★) : 반려견이 보호자를 흥미있게 바라본다.
- 양호(★★) : 반려견이 앞으로 다가와서 같이 놀자는 동작을 취한다.
- 불가(★) : 반려견이 보호자를 무시하고 비키거나 짖는다.

반려견이 보호자를 바라보면, 보호자는 반려견으로부터 몇 발자국 떨어져서 손을 벌리며 "이리와"라고 불러본다. 이때, 반려견이 관심을 보이지 않거나 겁을 내는 태도를 보이면 사교성에 문제가 있는 것으로 판단할 수 있다.

- 우수(★★★) : 반려견이 지시에 따라 보호자에게 다가온다.
- 양호(★★) : 반려견이 보호자를 흥미있게 바라본다.
- 불가(★) : 반려견이 보호자를 무시하고 가 버린다.

반려견을 안아주고 보호자의 얼굴을 가까이 대보고 그 반응을 살펴본다.

- 우수(★★★) : 반려견이 얼굴을 핥거나 쳐다보면서 관심을 갖는다.
- 양호(★★) : 반려견이 안겨 있어도 두려워하지 않는다.
- 불가(★) : 반려견이 가만히 있지 않고 있거나 손에서 빠져나가려고 발버둥친다.

section 13.3 반려견 복종 반응 테스트

　반려견의 몸통을 두 손으로 잡고 바닥에서 5cm 정도 들어올려 10초 정도 붙잡고 있어본다. 이와 같은 행동 시에는 절대 반려견에게 말을 걸어서는 안 된다. 이 테스트에서는 반려견이 자기보다 상위에 있는 사람들에게 어떻게 반응하는지를 알아본다.

- 우수(★★★) : 반려견이 조금 불안해한다.
- 양호(★★) : 반려견이 그대로 가만히 있는다.
- 불가(★) : 반려견이 빠져나가려고 요동을 치거나 겁에 질려 꼼짝 못 하고 있다.

∥ 반려견 복종 반응 ∥

반려견을 뒤집어 하늘을 향해 보게 하면서 손으로 10초 동안 붙잡아 본다. 이때, 반려견이 아이 컨택트(Eye Contect)를 하면서 그대로 순종하는지를 테스트해 본다.

- 우수(★★★) : 반려견이 조금 발버둥치지만 곧 단념하고 복종한다.
- 양호(★★) : 반려견이 조금 동요하지만 곧 조용히 하고 눈을 피한다.
- 불가(★) : 반려견이 빠져나가려고 심하게 요동을 친다.

section 13.4 반려견 훈련 소질 반응 테스트

반려견 훈련 소질 반응 테스트는 2가지의 관점인 반려견 집중력 검증과 물어오는 본능 검증으로 구분할 수 있다. 반려견이 얼마나 보호자에게 집중하며 물체에는 어떻게 반응하는지를 확인하는 테스트로 반려견의 훈련 소질 반응을 확인할 수 있다.

section 13.4.1 반려견 집중력 검증

반려견에게 식기, 장난감 같은 흥미 있는 것을 눈앞에 가져다 놓는다. 이때, 반려견이 앉으면서 쳐다본다. 반려견에게 소리가 나는 공, 먹을 것들을 준비하여 반려견 머리 위에서 흔들어 본다. 그것을 바라보는 반려견이 자연스럽게 앉는 자세를 하고 바라보는지 테스트해 본다. 이와 같은 테스트에 반응하는 반려견은 훈련적 소질이 뛰어난 편이다.

- 우수(★★★) : 반려견이 목적물에 주의력과 집중력을 지속하며 자연스럽게 앉는다.
- 양호(★★) : 반려견이 목적물에 주의를 기울이지만 앉지는 않는다.
- 불가(★) : 반려견이 목적물에 전혀 관심을 보이지 않는다.

▌ 반려견 집중력 ▌

물어오는 본능 검증

반려견이 보는 앞에서 작은 공을 손에 쥐고 반려견을 주시하면서 3m 정도 전방을 향하여 공을 힘껏 던져 본다. 이때, 반려견이 본능적으로 공을 물어서 가져다주면 반려견은 훈련적 소질이 뛰어난 편이다. 반려견이 물체에 대한 반응을 하는지에 대해서 테스트해 본다.

- 우수(★★★) : 반려견이 물건을 가져오려고 뛰며 물건을 물어서 가져온다.
- 양호(★★) : 반려견이 물건을 찾으러 가지만 물어오지는 않는다.
- 불가(★) : 반려견이 물건에 대하여 전혀 관심을 안 가진다.

┃ 반려견 물어오는 본능 ┃

section 13.5 **반려견 소음 반응 테스트**

강아지의 뒤쪽 3m 정도 떨어진 곳에서 책 한 권을 떨어뜨려 소리를 내게 하고 강아지가 그 소리에 어떻게 반응하는가에 따라 판정한다. 강아지가 소음에 대하여 과잉반응을 하면 소음에 스트레스를 받아 심한 혼란을 일으킬 수 있어 훈련에 견디기 힘들 것이다. 또 이런 강아지는 너무 짖어대는 개가 될 수 있다. 이런 상황을 확인하기 위하여 소음에 대한 반응을 테스트해 본다.

- 우수(★★★) : 반려견이 소리에 반응하지만 별다른 반응 없이 편안한 모습을 유지한다.
- 양호(★★) : 반려견이 소리에 강하게 반응하지만 잠깐 멈추는 듯한 반응만 보인다.
- 불가(★) : 반려견이 크게 놀라거나 비명을 지른다. 또한, 도망가거나 몸을 움직이지 않는다.

┃ 반려견 소음 반응 ┃

반려견 수렵본능 테스트

반려견이 바라보는 방향으로 가는 끈에 생쥐 장난감을 매달아 반려견 앞에서 약 2m 떨어진 곳에서 이리저리 움직여 본다. 그런 다음 생쥐 장난감을 침대 위로 끌어올리거나 내려 보기도 한다. 이때, 반려견이 흥미를 갖고 추격하면 수렵 소질이 있는 것으로 판단할 수 있다. 다만 너무 집요하게 추격하는 등의 과잉반응을 보이는 반려견은 아이들이나 고양이 같은 다른 동물과 사귀기 힘든 성향일 수 있다. 하지만 사냥개나 작업견으로는 훈련소질이 양호한 반려견이다. 목적물을 통해서 이와 같이 반응을 테스트해 본다.

- 우수(★★★) : 반려견이 목적물에 흥미를 표시하지만 적극적으로 추격하지는 않는다.
- 양호(★★) : 반려견이 목적물에 다가가서 붙잡아 보려고만 한다.
- 불가(★) : 반려견이 물적물에 전혀 관심이 없다.

▌반려견 수렵본능 ▌

CHAPTER

14

반려견 능력 테스트

반려견 능력 테스트

학습목표

• 반려견의 복종 능력 테스트와 행동 심리 테스트에 대해 학습한다.
• 반려견의 공격성 테스트와 관리사항 테스트에 대해 학습한다.

section 14.1 서론

　반려견의 능력에 대한 개념을 이 장에서 살펴본다. 우리 반려견은 어떤 능력을 가지고 있으며 행동 심리는 어떠한지 살펴보고자 한다. 반려견의 능력을 이해하는 것은 매우 중요하다. 또한, 반려견의 공격성과 관리사항에 대한 테스트를 통해 반려견에 대한 능력을 정확히 이해하며 자체 테스트로 수준을 체크해 보고자 한다.

section 14.2 복종 능력 테스트

　복종 능력 테스트는 보호자가 반려견을 부르거나 훈련 신호를 줄 때 이를 인지하는 수준을 확인하는 테스트다. 이는 반려견이 정확하게 어떤 행동을 하는지를 살펴보고자 확인하는 것이다. 우리는 테스트의 수준 정도에 따라 반려견의 복종 능력의 수준을 알수 있게 된다.

｜복종 능력 ｜

1. 사람이 부르면 어떠한 상황에서든지 무조건 주인에게 달려온다.

2. 훈련에 대한 보상이 없이 최소 3개 이상의 동작을 1~2회 명령에 수행한다.

3. "안 돼", "그만" 등 통제 명령어를 충분히 이해하고 있다.

4. "기다려" 명령에 최소 5분 이상 동작을 유지한다.

5. 산책시 보행하는 데 있어서 보호자가 불편함을 느끼지 않는다.

6. 털 손질 및 목욕, 미용 중 대체적으로 얌전한 편이다.

7. 발톱 손질 시에 두려워하거나 심하게 반항하지 않는다.

8. 침대나 소파에 올라왔을 시 "내려가", "저리가"라는 명령에 충분히 따른다.

9. 수면을 취할 시에 정해진 장소, 또는 애견하우스, 방석 등에서 잔다.

10. 배변하는 부분에 있어서 정해진 장소에서 일정하게 배설을 한다.

11. 손님이 방문했을 시에 반려견을 컨트롤 하는 데 있어서 어려움을 느끼지 않는다.

12. 과도하게 짖을 경우 반려견에 대한 통제가 이루어진다.

13. 급여 및 간식 등을 섭취하고 있을 때 보호자의 임의대로 회수할 수 있다.

14. 장난감 놀이 등에 있어서 시작과 끝을 보호자의 임의대로 조절하고 있다.

15. 휴식 및 수면 중 보호자의 임의대로 개를 만지거나 귀찮게 하여도 민감한 반응을

보이지 않는다.

16. 보호자가 휴식을 취할 때 반려견이 보호자의 신체에 앞발을 올리거나 함부로 올라타지 않는다.

17. 산책 중 사람, 동물 등 기타 대상에 경계하며 짖어 대거나 함부로 으르렁대지 않는다.

18. 가족 중 반려견을 컨트롤 하는 데 있어서 어려움을 가지는 사람이 없다.

19. 보호자의 물건 또는 옷 등을 물어뜯거나 함부로 대하지 않는다.

20. 노인, 어른, 아이 등 대상에 따라서 반려견이 행동하는 부분이 다르지 않다.

★ 위의 질문은 질문당 5점을 가지며 이를 합산하여 점수를 계산할 수 있다.

0점~30점	복종훈련이 필수적이며 이런 상태로 지속될 경우 문제행동이 악화될 가능성이 매우 높다.
30점~50점	복종심은 갖추고 있지만 환경이나 관리문제로 인해 충분히 문제행동이 일어날 수 있는 상황이다.
50점~70점	기본적인 복종상태를 이해하고 있으며 꾸준한 반복과 학습이 필요한 상태이다.
70점~80점	관리가 잘 이루어지고 있는 상태이며 지속적인 훈련을 통하여 문제없는 반려견으로 유지할 수 있다.
80점~90점	복종심에 전혀 문제가 없으며 보호자를 충분히 이해하고 따르려는 마음이 높다.
90점~100점	복종 테스트 대상에서 제외될 수준이다. 또한, 훈련대회 참가 소질까지 갖추고 있으니 전혀 걱정하지 않아도 된다.

section 14.3 행동 심리 테스트

행동 심리 테스트는 보호자가 함께 있거나 사라졌을 때 발생되는 반려견의 행동 심리 상태를 확인하는 테스트다. 이는 반려견의 심리상태에 따라 어떤 행동을 하는지를 살펴보고자 확인하는 것이다. 우리는 테스트의 수준 정도에 따라서 반려견의 심리상태 수준을 알 수 있게 된다.

❚ 행동 심리 ❚

1. 하루 중 보호자 및 가족을 따라다니는 시간이 반나절 이상이다.

2. 보호자 및 가족의 외출 준비 시 미리 감지하고 흥분하기 시작한다.

3. 보호자 및 가족의 외출 시 이상행동을 반복한다. (하울링, 짖음, 파괴, 자해, 반복적 운동)

4. 보호자 및 가족의 외출 귀가 시 심한 흥분 상태이며 쉽게 가라앉지 않는다.

5. 애견 위탁 기관에 위탁 중 심리적으로 많이 불안해한다.

6. 반려견의 신체 특정부위에 일정한 힘이나 통제를 가할 시에 반항하며 흥분한다.

7. 반려견이 평소 신체 특정부위를 반복적으로 긁거나 핥고 물어뜯는다.

8. 사물이나 특정한 공간에 집착하며 보호자의 통제에도 아랑곳하지 않는다.

9. 미용, 목욕 위탁 중 관리자가 힘들어하거나 불편해한다.

10. 발톱 손질 시에 매우 불안해하며 때로는 공격적인 행동을 취하기도 한다.

11. 과거에 사고 및 신체의 충격 또는 마음에 상처 등을 입은 적이 있다.

12. 특정한 사유로 인해 보호자가 바뀐 경험을 가지고 있다.

13. 기타 개들과의 만남에 있어서 보호자가 불안감을 느낀다.

14. 기타 개와 접촉 시 식욕저하 및 침을 과도하게 흘린다.

15. 자기보다 어린 강아지와 접촉 시 무관심하거나 무시한다.

16. 주변 사람들에게 강아지를 의인화한다거나 애정이 과도하다는 이야기를 듣고는 한다.

17. 가족 또는 특정한 특징을 가진 사람에게 경계를 하거나 싫어하는 행동을 보인다.

18. 나는 반려견 때문에 외출이나 또는 복귀 시 불안함에 의한 신경을 쓰곤 한다.

19. 나는 반려견이 장시간 내 주위에 없으면 걱정이나 불안감을 많이 느끼는 편이다.

20. 다른 집의 반려견보다는 무조건 내 반려견에게 더 많은 것을 해주고 싶다.

★ 위의 질문은 질문당 5점을 가지며 이를 합산하여 점수를 계산할 수 있다.

0점~10점	매우 안정적인 심리상태이며 보호자의 노력과 관심이 높은 편이다. 앞으로 사랑스러운 반려견으로 사랑받으며 생활할 수 있다.
10점~20점	비교적 안정적인 심리상태를 가지고 있으며 보호자의 따뜻한 관리와 건강상의 문제가 없을 시 문제점은 자체 개선될 확률이 높다.
20점~50점	전문가의 도움을 받아 노력한다면 충분히 개선될 수 있는 상황이며 앞으로 보호자의 노력 여하에 따라 변화될 수 있는 상태이다.
50점~70점	현재 상태를 유지하게 되면 개와 생활하는 것에 문제가 있다. 보호자가 함께 생활하는 것에 대한 부담을 느낄 수 있어 체계적 관리가 권장된다.
70점~90점	심리적으로 매우 불안하며 작은 변화에도 심한 스트레스와 불안감을 호소한다. 전문가에 의한 치료가 필요한 상황이다.
90점~100점	심리상태가 매우 불안하며 약물치료 및 심리치료를 필수적으로 병행해야 하며 정신질환으로 치료가 필요한 상황이다.

section 14.4   공격성 테스트

공격성 테스트는 사람이나 물건 등에 반려견이 반응하는 공격성 수준을 확인하는 테스트다. 이는 반려견의 공격성 정도에 따라 어떤 행동을 하는지를 살펴보고자 확인하는 것이다. 우리는 테스트의 수준 정도에 따라서 반려견의 공격성 수준을 알 수 있게 된다.

❙ 공격성 테스트 ❙

1. 평소 혼자 있는 것을 좋아하며 소파 및 의자 높은 곳에 올라가 휴식 취하기를 좋아한다.

2. 침대 밑 또는 책상 밑 구석진 곳을 좋아하며 방해받는 것을 싫어한다.

3. 외부인 출입 시 심하게 짖거나 때로는 바지 등을 앞니로 무는 듯한 행동을 한다.

4. 가족 또는 특정인물이 문을 나설 때 조용히 뒤쫓으며 짖거나 물려는 행동을 취한다.

5. 급식이나 간식을 가지고 있을 시에 보호자가 접근하기가 까다롭다.

6. 특정한 물건에 집착이 심해 강한 소유욕을 보인다.

7. 가족 중 무서워하는 사람이 존재하며 대상이 없을 경우 제멋대로 행동표현을 한다.

8. 낮잠 및 휴식을 취할 시 보호자의 터치나 방해에 으르렁거리며 예민하게 행동한다.

9. 몸을 함부로 만지거나 다리를 들어올려 균형을 파괴시키면 저항한다.

10. 노인, 성인, 아이를 구분하며 개체 및 성별로 차별화를 두고 대항한다.

11. 실제로 공격을 취하거나 가족 중 물린 적이 있다.(이 경우 −30점 적용)

12. 산책 시 대상을 향해 심하게 짖거나 가까이 오면 앞으로 튀어나가며 짖어댄다.

13. 산책 시 앞서서 걸으려고 하며 아무리 당겨도 힘을 주며 뛰쳐나간다.

14. 머리나 특정부위를 만질 시 심하게 움츠리는 행동을 보이며 불안해한다.

15. 심한 충격 및 사고 또는 가족 및 주변인에게 구타를 당한 적이 더러 있다.

16. 버려지거나 보호자가 바뀐 적이 있다.

17. 사람의 큰 움직임이나 큰 제스처에 깜짝 놀라는 듯한 행동을 보인다.

18. 기타 다른 개와 접촉 시 마운팅(등에 올라타는 자세)이나 꼬리, 털을 세우며 노려본다.

19. 평소 뛰어가는 사람이나 아이를 보면 쉽게 흥분하며 쫓아가려 한다.

20. 보호자가 반려견에게 무시당하는 듯한 느낌을 받은 적이 더러 있다.

★ 위의 질문은 질문당 5점을 가지며 이를 합산하여 점수를 계산할 수 있다.

0점~20점	공격성은 희박하며 복종심을 가지고 있다면 공격성에 대한 문제는 걱정하지 않아도 된다.
20점~30점	약간의 예민함에 의한 자체적인 보호본능이 강한 것으로 판단되며 이는 체계적인 관리법을 적용하면 별 문제없이 생활할 수 있다.
30점~50점	생활환경 및 관리법에 문제가 있으며 전문가와 상담을 통해 차후 일어날 수 있는 문제점을 개선하여야 한다.
50점~60점	내부에 잠재된 공격성을 가지고 있으며 복종심도 현저히 떨어진 상태이다. 전문적인 트레이닝이 요구된다.
60점~80점	현재도 공격성을 충분히 표출하고 있으며 복종심도 파괴된 상태이다. 시급한 트레이닝과 교정훈련 및 심리치료를 필요로 한다.
80점~100점	가족 이외에 사람 및 대상에게도 공격적이며 심한 경우 사회적 격리가 필요하다. 장기간의 트레이닝이 요구된다.

section 14.5 관리사항 테스트

관리사항 테스트는 보호자가 평소 얼마나 반려견에 대하여 관심을 가지고 있는지를 확인하는 테스트다. 이는 반려견을 키우는 보호자의 관리 능력과 반려견 이해 수준을 살펴보고자 확인하는 것이다. 우리는 테스트의 수준 정도에 따라서 반려견을 어떻게 관리하고 있는지에 대한 수준을 알 수 있게 된다.

‖ 관리사항 테스트 ‖

1. 현재 정해진 병원이 있으며 담당 주치의가 있다.

2. 응급상황에 대비하여 기본적인 구급약을 갖추고 있다.

3. 믿을 만한 위탁기관과 교육센터를 숙지하고 있다.

4. 믿을 만한 미용센터와 담당 미용사가 정해져 있다.

5. 주 3회 이상 산책 및 운동을 시키고 있다.

6. 현재 급여 사료의 영양배합과 일일급여량을 정확히 파악하며 급여중이다.

7. 개월 수에 알맞은 영양제와 관절보조제를 급여하고 있다.

8. 치아 관리를 위해 반려견 껌이나 양치 및 정기적인 스케일링을 받고 있다.

9. 반려견에게 주어서는 안 되는 음식을 5가지 이상 알고 있다.

10. 흔하게 발생하는 질병 및 전염병 질환에 대한 정보를 가지고 있다.

11. 질병 예방을 위한 기초적인 접종과 건강진단이 이루어지고 있다.

12. 주 1회 가량의 목욕과 1일 1회 이상의 모질 관리가 이루어지고 있다.

13. 반려견의 주거 환경을 청결히 관리하며 월 소독을 실시하고 있다.

14. 발가락의 변형과 자연스러운 보행 및 관절보호를 위해 발톱을 적당히 손질하고
    있다.

15. 기초적인 훈육방법과 트레이닝 교육법을 숙지하고 있다.

16. 반려견의 사회화 및 환경적응을 위한 체계적인 관리와 충분한 환경을 제공하고 있다.

17. 반려견의 행동 습성과 동물에 대한 심리적인 습관에 대해 이해하며 교감하려고 노력한다.

18. 애완견이 아닌 반려견으로서 가족의 한 구성원으로 받아들이고 있다.

19. 반려견의 번식학에 대한 긍정적인 사고를 가지고 있다.

20. 보호자의 환경과 성격에 알맞은 견종을 기르고 있다.

★ 위의 질문은 질문당 5점을 가지며 이를 합산하여 점수를 계산할 수 있다.

0점~20점	반려견에 대한 기초적인 상식과 관리법을 조금 더 숙지하여야 하며 보호자로서의 무책임한 행동과 무관심한 모습을 보이고 있다.
20점~40점	기본적인 관리 상태를 숙지하고 있으나 반려견에 대한 이해심과 관심이 부족한 상태이다.
40점~60점	반려견을 기르기 위한 준비가 기본적으로 되어 있으며 꾸준한 관심을 가져야 차후 문제점과 질병을 예방할 수 있다.
60점~70점	기본적인 관리와 정보를 가지고 있으며 꾸준한 관심이 지속된다면 큰 문제없이 함께 생활할 수 있다.
70점~80점	체계적인 관리와 개에 대한 이해심이 바르며 문제없고 건강한 반려견으로서 행복한 생활이 이루어지고 있다.
80점~100점	전문가 수준의 관리와 환경제공으로 늘 건강하고 즐거운 반려견으로 좋은 보호자의 역할을 하고 있다.

에필로그

에필로그

　최근 우리나라는 반려동물 1500만 시대에 도래했다. 지금 현재 세상은 스마트 모바일 매체의 발달로 인해 너무나 빠르게 지식과 정보가 전파되고 있다. 특히, 강아지와 고양이에 대한 콘텐츠가 많이 제작되면서 사람들이 흥미나 재미 위주의 콘텐츠를 많이 소비하고 있다. 올바른 반려동물 문화를 위해서는 단순한 정보 위주로 생명에 접근하면 절대 안 된다. 하지만, 지금 세상은 반려동물에 대해서 아무런 계획과 준비 없이 입양을 권유하고 있다. 또한, 장난감처럼 쉽게 구입해서 키우려는 사람들이 점점 증가하고 있다. 지난 10년 전에는 강아지 분양을 통해 쉽게 강아지를 상품처럼 사고팔았다. 제대로 강아지 입양에 대해 고민하지 않은 사람들이 쉽게 생각하고 쉽게 강아지를 버린 결과로 매년 10만 마리 이상의 유기동물들이 발생하고 있다. 사람들이 반려동물의 성장에 맞추어 반려동물을 대하는 방법을 모른 채 있다가 문제행동이 커져서 회피하고자 유기하는 사례가 무척 많아진 것이 원인이다. 이런 사회적인 문제가 대두됨으로 인하여 반려동물 행동학과 훈련에 대한 관심이 점점 증가하고 있다.

　필자가 설명하는 반려동물 행동학이 필요한 이유는 바로 반려인 기본 소양에 대한 문제다. 사실 반려동물은 누구나 키울 수 있다. 그러나 하나의 생명이 일생동안 어떤 보호자를 만나느냐에 따라 살아가는 삶의 모습은 천차만별로 달라질 수 있다. 그렇다면 우리는 어떤 보호자가 되어야 할까? 이 질문에 속 시원하게 답하며 삶에서 반려동물에 대한 행복을 실천하는 사람이 얼마나 있을까? 현대 사회를 보면 사람들은 너무나 바쁘다.

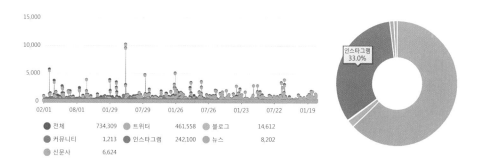

● 전체	734,309	● 트위터	461,558	■ 블로그	14,612
● 커뮤니티	1,213	● 인스타그램	242,100	■ 뉴스	8,202
● 신문사	6,624				

▌2017년 1월 부터 2021년 3월까지의 『유기동물』 키워드 ▌

이와 함께 시대의 트렌드도 너무나 빠르게 변하고 있다. 이런 세상에서 우리는 어떻게 생명에 접근하고 있는가? 한번쯤은 심각하게 고민해 봐야 할 문제인 것 같다. 위에서도 언급했지만, 반려동물 행동학이 필요한 진짜 이유는 이러한 보호자들이 최소한의 기본적인 소양을 갖추고 반려견과 반려묘를 키워야 한다는 것을 알려주기 위함이다.

지난 2017년 10월을 돌이켜보면 가장 큰 이슈를 만들었던 사건이 바로 최시원 반려견 사건이었다. 이 사건을 계기로 해서 정말 많은 개물림 사건들이 이슈가 되고 있다. 이미 개물림 사건은 사회 전반에 큰 이슈 중 하나로 자리 잡고 있다. 빅데이터를 분석해 보면 반려동물에 대한 매우 안 좋은 인식들이 자리 잡게 된 것을 알 수 있다. 당시에는 빅데이터를 통해 나타난 키워드가 패혈증과 반려동물, 최시원 사건, 과태료 등으로, 올바르지 못한 반려동물 행동에 대한 이해와 노력이 없음으로 사회가 전반적으로 부정적인 시각에 접해 있음을 알 수 있었다. 그렇다면 왜 이런 문제들은 지속되고 있을까? 자세히 생각해 보자.

반려동물을 키우는 사람들과 키우지 않는 비반려인들을 대상으로 빅데이터를 분석해 보면 개물림 사건에 대해 긍정적인 감성어는 '강화하다'라는 키워드가 많았다. 반면, 부정적인 감성어에는 '갈등, 미약하다, 피해, 불안, 과실'이라는 키워드가 많았다. 이 키워드 상황을 볼 때 전반적으로 사회가 바라보는 시각에서는 부정적인 감성어 측면이 많음을 알 수 있다.

이 책은 반려동물에 대한 행동에 있어서 우리가 알아야 할 지식과 이해의 관점으로 기술되었다. 항상 누군가에게 하는 말이지만 생명을 다루고 생명을 이해하는 것은 무척 어려운 일이다. 그렇듯 지식이라는 것에만 얽매이지 말고 반려동물과 함께 교감하고 삶을 나누기를 바란다. 행동학은 반려동물이라는 존재를 이해하고 행복한 삶을 살아가기

자료제공: 다음 강사모 커뮤니티

❚ 개물림 빅데이터 분석 ❚

위한 하나의 수단일 뿐이다. 가장 중요한 것은 내 옆에 있는 반려동물과 교감을 나누는 것임을 우리는 다시 한 번 기억해야 한다.

지금의 시대는 코로나 19로 인하여 침체된 경제와 함께 어려운 상황에 놓여 있다. 이 책을 읽으며 꿈을 꾸는 사람들이 시대를 새롭게 이끌어 가기 위해서는 코로나 이전보다 더 열심히 숨은 노력을 해야 하는 것이다. 지금의 시대는 4차 혁명시대로 점차 데이터와 함께 인간의 삶 그리고 반려견의 삶이 변화하고 있다. 변화(CHANGE)라는 뜻에서 G라는 단어의 'ㄱ'부분을 지우면 CHANCE가 된다. 이러한 상황 속에 너무나 많은 것이 변하고 있다. 이 변화의 물결에서 새로운 찬스를 잡으려면 숨은 노력과 준비가 필요함을 잊지 않았으면 한다. 지금 우리가 공부하는 반려동물 행동학의 이해는 변화하는 시대에

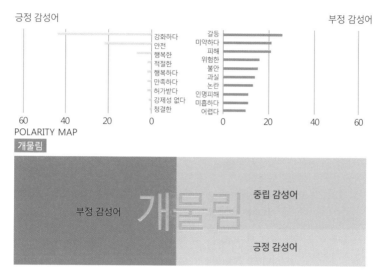

긍정 감성어　　　　　　　　　　　　　　　　부정 감성어

강화하다　　　갈등
안전　　　미약하다
행복한　　　피해
적절한　　　위험한
행복하다　　　불안
만족하다　　　과실
허가받다　　　논란
강제성 없다　　　인명피해
청결한　　　미흡하다
　　　　어렵다

60　　40　　20　　0　　　0　　20　　40　　60
POLARITY MAP

개물림

부정 감성어　　　　중립 감성어

개물림

　　　　　긍정 감성어

∥ 감성 트리맵 ∥

새로운 기회를 제공해 줄 것이다. 그때 소중한 기회를 얻고자 하는 사람들이 있다면 반려동물에 대한 행동학을 공부하여 교육의 소중함을 다시금 생각해 보았으면 한다.

지금 이 순간 누군가는 노력과 도전 속에 꿈을 꾸며 미래를 설계한다. 꿈을 꾸는 사람들은 성공이라는 길에서 반드시 해야 할 작은 일부터 시작한다. 인생이라는 삶의 길에서 성공하고자 한다면 모든 것의 시작은 가장 작은 것부터임을 잊지 않았으면 한다. 생명을 다루는 일은 사실 무척 어렵고 많은 시행착오를 경험하게 한다. 그렇기 때문에 우리는 반려동물과 교감하며 미래를 꿈꾸는 일을 선택한 것이다. 정말 훌륭한 사람이 되고 싶다면 처음부터 대단한 생각보다는 스스로 할 수 있는 작은 실천부터 시작하라. 반려동물을 사랑하는 모든 사람들의 미래와 삶에 소중한 지식의 밑거름이 되기를 바라는 마음으로 이 책을 마친다.

2021. 3.

최경선

저자 소개

강성호

2004	상하 특수 경호경비견 훈련소 창립
2005	(사)한국애견연맹 훈련사 사범 취득
2005	(사)KKF 도그쇼 핸들러 사범 취득
2008	강스클럽 상하애견 훈련학교 명칭 변경
2008	(사)한국애견연맹 훈련사 가정견(CD) 심사위원
2011~2014	(사)한국애견연맹 훈련사위원회 위원장 역임
2013	관세청 탐지견 공매 산정 심사위원(위촉)
2014	대구미래대학교 동물매개재활학과 교수 역임
2016	(사)한국애견연맹 어질리티 FCI국제 심사위원
	현 (사)한국애견연맹 독쇼 FCI 그룹 심사위원
2016	신구대학교 자원동물과 애완동물전공 교수 역임
2019	강동구청 동물복지 위원회 위원
2016~2020	서울호서예술실용전문 학교 석좌교수 역임
2020	국가직무능력표준 반려견고객서비스제공 NCS 개발
2020	강성호반려견스쿨 명칭 변경
2021	연암대학교 반려동물계열 교수 역임
2021	디지털 서울문화 예술대학교 겸임교수
2021	(사)한국애견연맹 훈련사 위원회 위원장
2021	현 안동과학대학교 반려동물 케어과 교수

KBS 무한지대, 동물농장, 코미디에 빠지다, 개그콘서트, SKY PET PARK, 뮤직 비디오, 방송 및 영화 (2014 곡성(케인코로소), 2015 밀정(세페트, 롯트바일러 등), 2015 터널(퍼그), 2016 특별시민(진도견), 2019 두 번 할까요, 2020 오! 문희, 2021 차인표), 드라마 킬잇(2019) 등 다수 촬영

최경선

2014~2021	강사모 공식카페(Naver, DAUM) 대표
2014~2015	애니멀매거진 마케팅 본부장
2015~2021	반려동물뉴스 (CABN) 발행인
2016	한국애견연맹 3등 훈련사 자격취득
2016~2021	강성호반려견스쿨 반려견훈련사
2017~2021	펫아시아뉴스(PetAsia News) 발행인
2017~2020	서울호서예술실용 전문학교 애완동물학부 특임교수 역임
2017	베스트셀러『빅데이터로 보는 반려동물산업과 미래』저자
2019	국민대학교 BIT전문대학원 경영정보학(MIS) 박사 취득
2020	베스트셀러『펫로스—하늘나라에서 반려동물이 보내는 신호』역자
2020~2021	네이버 반려동물 인플루언서(@강사모)
2021	한국애견연맹 2등 훈련사 자격취득

개정판

반려동물 행동학

초판발행	2018년 3월 5일
개정판발행	2021년 3월 30일
중판발행	2021년 10월 30일

지은이	강성호 · 최경선
펴낸이	노 현

편 집	박송이
기획/마케팅	김한유
표지디자인	최윤주
제 작	고철민 · 조영환

펴낸곳	(주)피와이메이트
	서울특별시 금천구 가산디지털2로 53 한라시그마밸리 210호(가산동)
	등록 2014. 2. 12. 제2018-000080호
전 화	02)733-6771
f a x	02)736-4818
e-mail	pys@pybook.co.kr
homepage	www.pybook.co.kr
ISBN	979-11-6519-149-8 93490

정 가   14,000원

박영스토리는 박영사와 함께하는 브랜드입니다.